让我看看你的城市，我就能说出这个城市居民在文化上追求的是什么。

——伊利尔·萨里宁

文化城市研究论丛

趋同与重塑

杭州城市景观的历史演变与规划引领策略

阳作军/著

中国建筑工业出版社

图书在版编目（CIP）数据

趋同与重塑：杭州城市景观的历史演变与规划引领策略 /
阳作军著.—北京：中国建筑工业出版社，2014.12
（文化城市研究论丛）
ISBN 978-7-112-17185-9

Ⅰ.①趋… Ⅱ.①阳… Ⅲ.①城市景观—建筑史—研
究—杭州市②城市景观—城市规划—研究—杭州市 Ⅳ.
①TU856

中国版本图书馆CIP数据核字（2014）第190080号

责任编辑：李东禧 唐 旭 吴 佳 陈仁杰
责任校对：李美娜 姜小莲

文化城市研究论丛
趋同与重塑
杭州城市景观的历史演变与规划引领策略

阳作军 著

*
中国建筑工业出版社出版、发行（北京西郊百万庄）
各地新华书店、建筑书店经销
北京美光制版有限公司制版
北京顺诚彩色印刷有限公司印刷
*
开本：787×1092毫米 1/16 印张：15 字数：300千字
2014年12月第一版 2014年12月第一次印刷
定价：108.00元
ISBN 978-7-112-17185-9
（25912）

《文化城市研究论丛》编委会

序一

　　改革开放以来，中国开始进入一个越发快速的城镇化历程当中，尤其是从 20 世纪 90 年代中后期到现在的十几年，中国的城镇化速度和成果令世界瞩目，中国成了最大的建筑工地，大城市迅速扩大，中小城市迅速增多，城市人口也以史无前例的速度迅速增长——近十几年来，中国的城镇化过程，已然成为一个让全球建筑行业都在热议和赞叹的奇迹。毫无疑问，中国如此高速度的城镇化，为经济发展和大国崛起，发挥了巨大的作用。城镇化的过程与中国的现代化、国际化是一个事物的两面，二者紧密结合在一起，共同呈现出如今这种让世界刮目相看的"中国奇观"。但我们也应该注意到，就在中国城镇化取得巨大成效的同时，中国社会也在积累由此所带来的某些负面效应和不尽人意的状况，并且随着经济不断发展，城市不断扩张，这些状况在不断加重，由此引起了社会各界，尤其是文化人的讨论和批评。

　　作为一名连任三届的全国政协老委员，我发现几乎每次开会，大家都会讨论和批评高速城镇化与城市建设中所积累的负面问题，而受议最集中的便是当今中国城市"千城一面"的问题，即：城市形象雷同，文化特征丧失的现象。作为一个文化人和艺术工作者，一位美术学院的管理者，我更是会在众多场合持续听到不同社会阶层对这类问题的批评和抱怨。这样的批评、抱怨和议论，客观地反映出当今文化界、知识界对于快速城镇化中"千城一面"和城市文化特征丧失现象的忧虑。这也促使我深入思考一个问题：文化人和社会各界的牢骚和批评是必要的，但仅此亦远远不够，重要的是大家行动起来，想出切实可行的办法改善城镇化的过程、改善机制、提出好的建议、想出好的办法，使"千城一面"的弊病得到缓解和纠正。

　　正是从这样的思考出发，我在 2005 年与时任北京市规划委员会主任的陈刚同志一起探讨克服和缓解"千城一面"弊端的办法。我当时的建议是：把各大城市规划部门工作一线的中层技术骨干集中起来进行专业的艺术熏陶和审美方面的培训，充分发挥他们的一线实践经验，同时依托中央美术学院高度国际化和浓郁的艺术氛围，以"实践结合审美"的原则，来共同探讨问题解决的思路和可能。由此，不仅可以使城市规划建设一线的年轻骨干扩展眼界，提高艺术修养，增强理论水平，还能联合师生共同研究和探索出能够言之成理、行之有效的解决方法和措施。这个建议马上得到陈刚同志的赞同与支持，因为他在长期的规划工作中也不断听到各方的批评、抱怨，深知"千城一面"已成为中国城镇化发展过程中一个突出且必须应对的问题，但该问题的出现并非是仅靠个别领导或某个政府部门改变观念与行政方式就能解决的简单问题。多年的一线工作经验使他清醒地认识到：这个问题的解决必将是一个复杂且难度极高的系统工程。但他认为对这个问题的研究具有极高的学术价值和现实意义，所以即便再难也值得花力气去做。所以，在陈刚同志的赞同与支持下，中央美术学院成立了"文化城市研究中心"，并于2005年秋天正式开始招收第一届"建筑与城市设计"博士班，并聘请陈刚同志担任客座教授和校外博士生导师。第一届博士班学员，主要是北京市规划系统的几位年轻骨干（随后每年都有新生招入）。正因为我与陈刚同志有着共同的想法，因此这个博士班一开始就有着明确的研究方向与针对性——思考、探索和研究如何克服"千城一面"的难题——该班恐怕也是国内第一个直接针对"千城一面"问题展开深入研究的学术机构。

因此，可以说中央美术学院"文化城市研究中心"博士班是由问题引发、以问题为导向的学术研究机构，其设立本身就可以看做是一个为了解决"千城一面"问题而采取的切实办法，因此，无论是该机构的理论研究还是设计实践，都与现实的城市问题紧密相连。博士班集中了两个方面的优势：第一，博士研究人员大多是来自城市规划系统的中层干部和业务骨干，这必然使我们不会停留在从理论到理论、空对空不切实际的研究状态中，而是能够以一线实际工作经验为基础，让学术研究接地气；第二，中央美术学院作为一个全学科的、国际一流的美术学院，也是具有最好艺术氛围和创造性思维的国际化平台，这使得我们的研究氛围完全有别于其他政府性或私营性研究机构——这里既有传承深厚的中国画、油画、版画、雕塑、壁画等造型艺术学科，又有近十年蓬勃发展起来的现代设计和现代建筑学科，且这两类学科均在世界范围获得了同行的高度认可，高质量的师资、高质量的学生和特别宽松活跃的学术氛围，使中央美术学院成为一个最具创意思维的实验场地。

我认为，充分发挥好这两个优势，将有利于改变以往的思维模式和工作方法，也必将有助于思考、探索和解决"千城一面"的难题。进一步地，为了增强"文化城市研究中心"博士班的师资力量，我们于2010年又聘请了原杭州市委书记王国平同志担任客座教授和校外博士生导师。王国平同志与陈刚同志一样，都是对城镇化建设、城市发展、城市问题研究有着巨大热情和丰富实际管理操作经验的领导者和管理专家，都对中国城市化进展贡献巨大（陈刚同志长期领导并主持北京市的规划工作，在古城保护和新城建设两个方面都是主管领导，善于并敢于处理协调复杂的城市发展问题；王国平同志则在其长达十年的杭州市委书记任期当中，对杭州西湖的整治和发展，以及整个钱江新城的建设和开拓，取得了世人瞩目的成绩）。由此，北京和杭州成为我国在城市规划、城市建设方面具有典范意义，分别代表着南北方的两个城市。因此，使得"文化城市研究中心"能够聘请到他们两位为博导，对于研究工作非常有利。

在从 2005 年到 2014 年近十年的教学和研究工作中，我们从零开始不断拓展与深化关于中国城市化进程中问题的探索，现在回顾起来，主要做了三个方面的工作，并取得了一些有意义的阶段性成果：

第一，从一个新的角度来重新认识大家所看到的城市现状。博士班成员有着相当丰富的一线工作经验，对当下中国城市，尤其是北京、杭州这样典型城市的实际问题和状况有着非常切身的了解。因此，如何来看待城市历史及其形成的过程，是我们学习、探讨问题的重要前提。对此，经过反复讨论与研究，我们形成一个全新而鲜明的观点——城市应被视为是人类积累性创作的结果，其主要包涵两方面内容：一方面是"积累性"，城市风貌的形成源于其历史演进过程中的积累性遗存，城市随历史经历着不断的"建构——破坏——重构"的交替过程，期间各历史时期的城市风貌和建筑，总会有一部分留存下来并得以积累，进而形成这个城市最基本的物质存在；另一方面是"创作性"，城市风貌的形成是创造性思维的结果，不论该城市是在短期内大规模建设还是在长时间中缓慢成长，其中都必然包含有巨大而丰富的创造性思维，这对于城市发展而言，至关重要。我们往往大多只看"积累性"的一面，并没有看到这种积累本身也是一种创造——在积累过程中充满了创造，而创造又必须构建在既有的以往累积之上，这两方面的作用综合起来，共同构成了城市现在的主导性风貌。我们只有把这两方面辩证地加以看待，才能充分认识到城市发展所具备的"积累性"与"创作性"之两面。

第二，我们特别要求每个在读博士的论文撰写必须具体且有针对性地涉及当下城市化进程中所遇见的各种问题。每篇博士论文对于当前城市规划、城市建设的机制和过程所取得的巨大成就与存在的各种问题都有专题式、直接真切的观察、判断、梳理和思考。我们的博士学员很多在规划管理一线，时刻都亲身经历与处理中国城市发展及规划中纷繁复杂的实际问题，他们将对情况切实的把握与在中央美术学院学习所获得的艺术审美知识相结合，使自己在考量城市实际状况时既能总结成功经验，又能从学术及审美高度发现其中不足之处与教训。这种非常有特点的研究与思考，不仅使我们获得了直面现实的勇气，还使得这种勇气牢牢建立在对客观条件的充分理解与把握之上。

第三，在前述的基础之上，我们深入研究、探索、讨论，逐步总结形成了一套关于城市发展，尤其是如何克服"千城一面"弊端的全新理念和理论体系，并精炼总结出能够全面集中体现这套新理念的关键词。

具体来看，这套新理念主要集中于"城市设计"这个范畴当中。众所周知，"城市设计"是介乎城市总体规划与详细规划之间的中间环节，以往这个中间环节虽然在大城市的规划文本中也占有部分篇幅，但内容往往显得十分简略、抽象，不如总规、控规般的执行约束力，难以得到推行。所以，在城市发展的实际操作层面上，"城市设计"环节可以说是缺失的。我们觉得，目前若想扭转中国城市发展中"千城一面"的现状和文化特征不断丧失的现实，强化并加大"城市设计"环节在城市规划、城市建设和城市化进程中的比重势在必行。这是这套新理念的基本点，也正好与当前习总书记"要重视城市设计"的明确指示不谋而合。

"城市设计"环节之所以在以往的规划管理流程中基本缺失或空白，其根本原因还是因其所涉及的城市审美品位和创造性思维这两个范畴最难以表述。也正是由于这种困难，使得"城市设计"虽然在近年被一些专家重视，但却很难将其中艺术化、审美化的部分真正地语言量化，所以很难进入具体的规划文本及规划控制策略之中。在这方面，"文化城市研究中心"博士班通过研究，创造性地提出了一些表述方法，简要可以概括为城市设计的"四项原则"与"八项策略"。

所谓"四项原则"即："积累性创作的成果"、"大创意与修补匠"、"大分小统"、"差异互补"四方面"城市设计"应坚持的基本原则。前面所述的城市是人类"积累性创作的成果"是第一项认识性原则。

在对城市有了"积累性创作的成果"这一全新认识的基础上，我们针对目前中国城市化的现状提出：对于新区建设和老区保护要采用完全不同的思维方式，新区如一张"白纸"，大片地块的建设从头开始，因此需运用"大创意"的思维方式，对其新特色加以全新的建构；而老区要使其历史风貌能够得到保护，并变得更加纯粹、更加浓烈、更有艺术性，具有更吸引人的文化特色，因此需采取"修补匠"的思维方式。如此两种思维方式和城市建设方法，在不同城市、不同区块中，可以不同比例来实施，这便是第二项"大创意与修补匠"的原则。

针对北京、上海、东京等特大型城市，发展到目前如何进一步美化与提升，我们在研究中逐步意识到：要在如此巨大的城市范围中寻找和强化统一的特色，在目前的中国城市中客观上已经不可能，因此我们提出了第三项"大分小统"的原则，即：将其在"城市设计"层面加以切分，分别对待、分别研究、分别设计，形成风貌各不相同的区块，并对其进行分而治之（不同思路和创意进行不同的改造和建设），最后形成不同风貌和特色的区块。例如，我们尝试以北京为例，把其大致分成三大类风貌区块：第一类是特色风貌区块（具有特色人文风貌、特色建筑风貌、特色自然风貌的区块，要进一步统一特色、强化特色）；第二类是一般功能区块（杂乱无序、也无明显特色的区块，强化功能合理性，用修补匠手法，提升方便实用、美观宜人的审美层级）；第三类是未来待建新区（要特别重视宏观思路、概念规划、整体布局中"大创意"，这是新型城镇化的核心价值所在）。这三类不同的区块，应采取不同的方法来对待，分而治之，但是最终又要达到和而不同又丰富多彩的格局。

"差异互补"是我们提出的第四项基本原则。意指区块之间形成差异互补关系，既有不同，又有共性，和而不同。例如市政管线、交通要道、水电气暖的网络等功能性部分，是必须整个城市统一起来的；但对于各不同区块的不同功能、不同历史积淀、不同建筑年代，则分别加以风貌上的差异性处理，这就能形成不同与多变的城市风貌。

综上，正是针对中国城市化进程已经取得了高速度发展和巨大成就的全新历史条件下，我们主张按照"四项原则"指导新的城市发展。即：先将城市发展理解为"积累性创作的成果"，再进行具体的"区块划分"，进行"大分小统"，并因地制宜地开展"大创意"和"修补匠"的工作，最终达到"差异互补"。

在"四项原则"中，"大分小统"是一个关键性的操作，我们就这一操作的实施，又进一步提出了"八项策略"。这八项策略具体包括：

1. "小异大同"：强化区块内部的风貌统一性、协调性、特色性；

2. "满视野"：在一至数平方公里大小的区块内，为了强化区块特色，理想的状态是在区块内部中心区，人视野360°范围内，实现建筑风貌的一致性。这种满视野的风貌一致性是视觉审美感染力的基本保证，即使建筑样式并不令人满意，若能达到满视野的风貌一致性，也能给观者以强烈的感染力；

3. "风格强度"：指区块内在一定的审美取向上风格倾向的鲜明度、纯粹度、浓郁度。不同的区块可根据不同功能要求和审美需求来确定希望达到的"风格强度"；

4. "风貌主点"：在区块内根据总体风貌的设计可安排一至数个"风貌主点"，集中体现区块风貌特色，成为区块景观中心。风貌主点常由公共建筑、标志性商贸楼或艺术建筑来凸显，使得区块内的文化形象得以凝聚提升，并形成一种视觉上的向心力，往往成为游客拍照观览的主点；

5. "游观视角"：在区块内根据总体策划设计和交通流线，有组织地安排景观面、景观带、景观廊等最佳观光视角；

6. "型式比重"：指建筑形式风格的不同类型（如中国中原民居、南方干栏式、欧陆风格、现代主义建筑、后现代拼接等）和不同式样（如古罗马式样或其他细分式样），在一个区块风貌中所占的不同比重；

7. "文脉故事"：既是建筑风格形式的传承延续，更是历史长河中留传下来的各种故事的积累和演义。故事对于一个城市的文化形象和魅力起着巨大的建构作用。故事在城市和建筑内上演，城市遗迹是故事的佐证。旧城保护和历史遗迹发掘的重大意义即在于此。传承和阐扬文脉故事是区块设计的重要方面，也是独特创意的灵感来源；

8. "功能＋审美"：各种社会的、经济的、文化的宜居功能的满足是区块设计的基本前提。成熟的大型现代化城市在宜居功能的实现上已积累了大量经验，也有共识可循。但在城市风貌和文化风楷的构建上在当下中国还很不尽人意。如何实现"功能＋审美"的互动提升，以增加艺术性与审美性来提升舒适度，再创文化价值与经济价值，是"区块城市"理念的根本宗旨。

总而言之，我们总结提出的这八项新策略，都是针对在一个区块内部如何达到统一性，并力求使整个城市在总体风貌上呈现出不同以往的丰富性与多样性。可以说，"四项原则"与"八项策略"是我们近十年来自身探索研究的一个全新的总结与理论建构。

这四项原则和八项策略，也突出而具体地阐释了"大分小统"这样一个城市设计的方法论。这个比较独特的城市设计基本方法论也可以归结为一种新的对于城市的理解，也就是"区块城市"。就是把大城市分成区块来分别加以对待，而非以往的规划高度统一而实施相对杂乱，因此，"大分小统"既是一个城市设计新的理念，更是一个新的方法论。这个"新"的方法论创立过程，是经历了我们博士班同学的辛勤工作与探索的，其创新的过程源自两个方面：一方面是理论梳理，即我们对 19 世纪到 20 世纪以来世界城市规划、城市理论演进过程中的大量资料进行了学习与梳理，同时也来源于近十几年来我们所掌握的对于北京和杭州这类大型城市的第一手资料，两者相互比照的研究使我们对"区块城市"的概念逐渐形成。另一方面则是源于实践的检验：在"区块城市"概念逐步形成并且在博士班获得共识以后，我们就尝试性地将其应用于一些具体案例，这些具体城市设计项目的实际操作使我们的理论认识与实践水平得到了同步的提高，而对新概念的梳理、使用和推出慢慢形成了一个环环相扣的系列性成果，这与我们关于城市设计的理念和思考、梳理、总结密不可分，而又使得博士生们能通过自己的博士论文写作，进一步达到紧密互动、相得益彰的学习效果，对自身的成长与发展都助益显著。

回顾过去，我们一方面通过以博士班集体为核心的学术群体，建构并推出一套全新的"城市设计"理念；另一方面，在此理念下，每个博士生又能就自己特别关心的具体问题，从不同的角度深入研究。如此一来，对于切实提高中国当代城市设计水平和克服"千城一面"弊端是大有助益的。这样一种学习和研究的方式，实际上也是构建了一种新的博士生培养方法，大家都在教学过程中获得很多的启发和提升。

当然，我们所做的这些，其实还很初步，因为城市问题太复杂，即使有了近十年的探索，依然还是刚刚起步。按照钱学森同志所说："城市是一个巨系统，城市问题是一个特别复杂的模糊的数学的运作过程，实际上城市问题要比我们所想的，或所涉及的情况，还要复杂得多。"这是对于城市问题的一个清晰认识。因此，我们所做的努力和得出的小小心得体会，只是最初的一步。因为我们坚信这个事情对国家和子孙后代的重大意义，所以一定会进一步坚持做下去的。在此，我们也由衷希望有更多的同行、专家来加以批评、帮助和指正。

有鉴于此，我们与中国建筑工业出版社沟通、协商之后，得到了社长和编辑部的大力支持，在此把我们博士班的论文经过修改，逐步出版，形成系列丛书。这套系列丛书的推出和博士班所提出的"城市设计"新理念是结合在一起的，也是与中国当下的城市发展实践紧密相连，能够成为相得益彰的两套成果。我希望这些微小的成果有助于在一定程度上克服和改进中国目前"千城一面"与城市文化特色丧失的弊端，也希望"城市设计"这一以往相对缺乏的环节，在习近平总书记的大力倡导下，能够成为解决中国各种"城市病"的一个重要的抓手。

我期待着中国的新型城镇化建设之路能够走得更健康，能够得到老百姓更大地拥护，给全国人民创造更加好的生存环境和城市风貌，也期待着在未来，更多各具特色的美丽城市能够展现在全国人民面前。

二〇一四年深秋

序二

我们生活的城市，是人类不断寻求丰富、高级和复杂的生活逐步走向成熟的标志，是人类社会的重要组成部分，是人类文明程度的体现。每座城市，都留下了人类成长的足迹，交相辉映着历史与现代的光芒。城镇化水平在一定程度上反映了一个国家或地区的现代化水平，而城镇化则是现代化的必由之路和自然历史过程。

在这个过程中，我们取得了举世瞩目的成绩，可以说创造了很多奇迹。与此同时，却丢掉了一些重要的东西，对传统文化照顾不周，对现代文化的发掘和创新力度不够，在城市里面破坏了很多历史遗存，却新建了不少平庸的建筑。究其原因，就是在城市快速发展进程中，城市的管理者对城市文化重视程度不够，对城市的形成和历史了解不透。

城市的可持续发展要求我们不仅仅重视物质文明的建设，更要丰富我们城市的精神文明。城市文化是经过长期的历史过程，不断积淀和发展形成的，忠实地反映了城市的发展脉络。一座城市能否健康发展，取决于城市文化的传承和延续。快速推进的城镇化，使城市文化缺少足够的时间进行积淀，城市生长与城市文化的失衡，导致了城市文化危机的出现。所以每一个城市都应该善待自己的历史文化资源，对其进行综合研究，挖掘内涵，探索实现城市文化复兴之路，解决"千城一面"的问题，这是我们新型城镇化发展的当务之急。

城市不仅是功能性的，也是精神性的，从某种程度而言，精神的凝聚性更加重要。北京城最早建都时就非常有精神内涵，古人遵循"天人合一"的规划思想，追求人与自然的和谐发展，都反映到了城市物质形态上。可是现在我们的城市建设究竟体现着什么样的精神内涵，既能支配着我们的发展，又能反过来用我们建设的城市环境影响着后人？

习近平总书记在中央城镇化工作会议上强调："让城市融入大自然，让居民望得见山、看得见水、记得住乡愁。"城镇化是一个大课题，城市不仅仅是经济的、社会的、政治的产物，同时它也带着历史的、文化的、生态的信息，更重要的，城市是每个人都可以感知和体验的实体，也是每个人赖以生存的空间。希望城市管理者，能够不断学习，在城市化的快速发展中，不断总结经验，提升能力，把我们的城市建得更加人性化、更加美丽。

当初，中央美术学院和北京市规划委员会面向城市管理者开办的建筑与城市文化研究博士班，学员都是具有深厚实践经验的、一线的规划管理人士。通过一批又一批博士班的学习，培养了更多的城市管理者，很高兴看到他们不仅提升了对城市的美感，还大大加深了对城市文化的理解。通过他们的思考、研究，可以将他们学习和掌握的延续和保护城市历史文化等方面的职业技能不断运用到工作实践之中，实属城市之幸、时代之幸。我认为，这次把头两批毕业的部分博士班学员的博士论文编辑出版成辑是开了一个好头，并且，今后陆续出版其他博士班学员的论文也会是一件非常有意义的事情。

二〇一四年十月

序三

城市是人类文明的摇篮、文化进步的载体、经济增长的发动机、农村发展的引领者，也是人类追求美好生活的阶梯。人类发展的文明史就是一部城市发展史，古希腊著名哲学家亚里士多德曾说："人们来到城市是为了生活，人们在城市居住是为了生活得更好。"2000多年后的今天，"城市，让生活更美好"，已成为2010年中国上海世博会的主题。

中国的新型城镇化，挑战与机遇并存。现代化从某种意义上讲就是城市化，这是颠扑不破的真理，已经为西方发达国家的发展历史所证明。正如诺贝尔经济学奖获得者、美国经济学家斯蒂格利茨所说："中国的城市化和以美国为首的新技术革命是影响21世纪人类进程的两大关键性因素。"2011年是中国城市化具有标志性的一年，中国城市化率首次突破50%，城市人口首次超过农村人口。此后20年，预计中国城市化率仍将每年提高1个百分点，这就意味着每年将有1000多万农村人口转化为城市人口。至2030年，中国的城市化水平将有可能达到今天发达国家的水平，城市人口占总人口的比重将达到70%。也就是说，中国有可能只花50年的时间，就走完了西方发达国家200年才走完的城市化之路。

中国的新型城镇化，呼唤专家型的城市管理干部。早在1949年，毛泽东主席在党的七届二中全会上指出："党的工作重心由乡村移到了城市必须用极大的努力去学会管理城市和建设城市。"在推进中国新型城镇化这一世界上规模最大、速度最快、具有变革意义的历史进程中，要清醒地认识到，城镇化是把双刃剑。城镇化既能极大地改善城市面貌和人民生活品质，也有可能引发历史文化遗产破坏、城市个性与特色消亡、"千城一面"、中国式"贫民窟"显现、环境污染和交通拥堵等"城市病"。对此，中央城镇化会议明确提出要"培养一批专家型的城市管理干部，用科学态度、先进理念、专业知识建设和管理城市"。专家型的城市管理干部需要在实践中始终遵循城市发展规律，使城镇化真正成为中国最大内需之所在、最大潜力之所在。

培养专家型的城市管理干部，需彰显城市之美。习近平总书记强调，"要传承文化，发展有历史记忆、地域特色、民族特点的美丽城镇"，"要保护和弘扬传统优秀文化，延续城市历史文脉"，"让城市融入大自然，让居民望得见山、看得见水、记得住乡愁"。中国城市学的倡导者钱学森先生认为"山水城市是城市建设的最高境界、最高目标"。要实现这些目标，关键在于提升专家型的城市管理干部对美的理解和认识水平，必须让城市管理干部有正确的审美观，让他们真正懂得发现和塑造城市之美。城市之美不仅仅是指建筑之美、环境之美，还包括城市的文化之美、风度之美，更应彰显城市的品质之美、和谐之美。因此，城市发展要坚持党的工作重心与工作重点相结合，推进农民工市民化、城乡一体化；要坚持以城市发展方式转变带动经济发展方式转变，推进城镇化与工业化、信息化和农业现代化的同步发展；要坚持"边治理、边发展"理念，寓城市发展于"城市病"治理之中；要坚持城市建设的"高起点规划、高标准建设、高强度投入、高效能管理"方针，推进质量型城镇化；要坚持以城市群为主体形态，推进城市网络化发展；要坚持打造"智慧城市"，推进城市智能化发展；要坚持"保老城、建新城"，推进城市个性化发展；要坚持土地征用、储备、招标、使用"四改联动"，推进城市土地管理制度改革；要坚持生态优先，推进生态型城镇化发展；要坚持农民工市民化导向，有序推进农民工"同城同待遇"；要坚持"城市公共治理"理念，推进城市管理向城市治理转变；要坚持城市研究先行，高质量推进城市规划、建设、保护、管理和经营。

21世纪是城市的世纪，21世纪的竞争是城市的竞争。中央美术学院面向城市管理干部设立建筑与城市文化研究博士班，开展系统、专业的培训，在培养专家型城市管理干部方面成效斐然、影响深远。相信各位学员能学以致用，在城市管理的岗位上，围绕"美丽建筑"、"美丽区块"、"美丽城镇"等开展前瞻性研究、创造性工作，为推动"美丽中国"建设作出突出贡献。

最后，对建筑与城市文化研究博士班研究成果集结出版表示热烈祝贺！

是为序。

二〇一四年十月

目　录

01　　**导论**

21　　**第1章　历史的杭州（1913–1980年前）**
　　　　　　　　——老杭州城市景观美学价值及其生成

22　　1.1　杭州城市历史演变及其社会背景
22　　1.1.1　清代以前杭州城市经济社会发展及其景观特征
26　　1.1.2　民国时期杭州城市景观演变及其背景分析
28　　1.1.3　新中国成立以后至1980年以前杭州城市景观演变及其背景分析
34　　1.1.4　小　结

35　　1.2　老杭州城市特色景观的构成及其美学价值
35　　1.2.1　整体空间格局
45　　1.2.2　城防与水网格局
51　　1.2.3　街巷空间格局
53　　1.2.4　建筑风貌与开放空间
55　　1.2.5　文化景观与历史遗存
57　　1.2.6　小　结

61　　**第2章　失落的杭州**
　　　　　　　　——发展的迷茫与城市景观价值的失落

62　　2.1　改革开放后城市景观趋同的背景与政府的规划行为
62　　2.1.1　改革开放后的城市规划建设与背景分析
66　　2.1.2　政府主导下的城市规划行为分析
69　　2.1.3　快速城市化过程中的接受美学特征及对城市景观的影响

71   2.1.4 小　结

72   2.2 快速城市化进程中杭州城市形态演变与景观损伤
72   2.2.1 空间规模的膨胀与边界的模糊（景观地理学）
75   2.2.2 街道级配的失调与社区割裂
78   2.2.3 水系绿地的破坏与生态恶化
79   2.2.4 建筑风貌的杂陈与空间挤压
80   2.2.5 小　结

83　第3章　疗伤的杭州（21世纪以来）——警醒与补救

84   3.1 景观特色、城市精神的失落与补救
84   3.1.1 从景观特色的失落到城市精神的失落
86   3.1.2 警醒与补救：重现城市昔日风采的努力
105   3.1.3 新世纪以来杭州城市规划对城市景观特色塑造作用及其问题
106   3.1.4 小　结

109　第4章　今日的杭州——意象重构与价值重塑

110   4.1 杭州城市景观意象重构与价值再塑
110   4.1.1 城市文化审美价值重塑与宏观整体空间意象控制
117   4.1.2 水网绿脉——杭州城市景观的特色基质
127   4.1.3 道路街巷——现代功能与人文精神的双重演绎
135   4.1.4 建筑环境——地方特色与时代特征的有机结合
136   4.1.5 小　结

138   4.2 城市规划主导文化价值重塑下的城市景观特色延续
138   4.2.1 概　述
139   4.2.2 以审美价值重塑引领的城湖空间景观规划
164   4.2.3 保老城与建新城携同发展
167   4.2.4 城市规划技术创新思考
169   4.2.5 小　结

171 第5章 心中的杭州
——个性景观构建的规划实践及问题探讨

172 5.1 当代城市规划中的价值基础与多元主体博弈
172 5.1.1 城市规划的价值基础分析
173 5.1.2 城市规划的行为主体及其空间利益
177 5.1.3 城市规划的公共政策属性及其对建设行为的有限约束
179 5.1.4 小 结

180 5.2 构建社会协同的城市规划管理机制——防止景观趋同的保障措施
180 5.2.1 城市政府的角色定位
188 5.2.2 法定程序下的精英（专业化）管理
191 5.2.3 公众参与和社会协同机制的构建
192 5.2.4 小 结

193 5.3 杭州的规划实践与问题探讨
193 5.3.1 任期制与规划期限——核心关键领导的稳定性
196 5.3.2 规划管理的弹性与目标的刚性——规划思路的一贯性
198 5.3.3 利益最大与系统最优——注重全局利益与长远目标
202 5.3.4 规划龙头作用和部门定位——规划是领导的参谋和助手
204 5.3.5 争议监督与社会协调——多元精英主义
206 5.3.6 技术管理与行政管理——规划管理实施团队的专业精神
208 5.3.7 小 结

209 **结 语**

213 **附 录**

216 **参考文献**

219 **后记**

导　论

1. 背景

城市景观是在一个城市不断发展中形成的，而城市景观特质的形成则是城市历史文化传统积淀、凝结的结果。特色鲜明的城市，都具有深厚的历史积淀、成熟的城市文化以及悠久的城市传统，因而城市的个性也就更加强烈，城市景观品位就越高，城市的可识别性越明显。

中国自改革开放以来，城市化正以前所未有的速度推进，城乡面貌发生了巨大的变化，人们的物质和精神生活环境也得到了极大的改善。与此同时，在城市化面前，城市的个性正在逐渐丧失，城市的文化和历史传统正在日益变得面目全非，伴随着城市化和全球化浪潮，城市的建筑和文化也变得日益趋同。这是中国城市化推进的结果，也是城市研究者必须正视的现实。如何在推进城市化、提升城市基础设施水平的同时，最大限度地保持城市的特色，保持各个城市独特的建筑、街巷、色彩、风格等，使城市具有其他城市所没有的独特气质，是城市研究者必须面对的重大课题。

重新寻找、塑造城市独特个性与魅力已经成为社会各界共同努力的方向，保持自然环境、社会环境、历史文化环境的可持续性协调发展已成为时代发展的要求。现代城市景观个性与特色塑造更应注重现代人的观念、需求与当地地域文化、自然景观特色相结合，注重自然生态、人文生态的可持续。同时城市规划与管理作为极具影响力的重要领域，发挥着引领城市发展方向的作用。规划是政府履行行政管理职能的重要手段，并通过对城市规划方案的编制、实施、监督，将城市规划方案变为现实，成为塑造城市空间的决定力量。面对城市特色丧失而产生千城一面的普遍现象，从规划管理的角度思考并努力寻找优化决策的机制的办法以维护城市的空间特色和个性是本书的基础出发点。

杭州是具有两千多年历史文化积淀的文化古城与风景名胜城市，它与我国大多数大中型城市相似，在快速城市化进程的冲击与影响下，土地、资源、空间需求快速扩张，面对突如其来的环境、交通与空间发展压力，国内大部分城市出现了原有老城不堪重负、空间资源紧缺等实际问题。杭州在不断扩大城市规模、转变功能结构等方面面临着抉择。相比于国内其他城市，杭州一方面受到西湖保护的影响，严重制约着东岸城市的空间发展；另一方面又地处我国经济最发达的长三角地区，在20世纪90年代以来成为中国经济、社会发展上升速度最快、外来文化冲击最激烈的地区。可以这样说，杭州在空间发展需求快速上升和供给严重不足之间所具有的矛盾，是国内大部分城市所无法比拟的。正因为此，从20世纪80～90年代开始至今的二十年间，杭州几乎一直处于疲于解决快速城市化所带来的城市转型状态中：大规模旧城改造、行政区划调整、城市规模扩张、拓宽改造城市道路、城市建筑向高层化发展等。短短十几年间，我们蓦然发现，原来那个依偎在西湖东岸、有着江南婉约、小巧尺度的城市摇身一变，成为了一座高楼林立的现代化大都市。所幸的是，在城市发展格局的转变过程中，杭州尽管也有文化迷失，但却始终坚持着"三面云山一面城"、"城景交融"的城市景观特色和对历史文化名城的整体保护观，使其城市空间在总体上延续着核心特色，使城市景观价值得以延展。回顾杭州近三十年的城市景观形象发展历程，不仅仅揭示了城市经济、社会、城市综合竞争力的提升对城市景观整体风貌和空间形象的内在驱动作用，更深刻地反映了城市经营者、管理者对城市文化、城市品质认识不断深化的思想脉络。

1）目的及意义

"中国城市文化形象趋同现象的调研、分析、探索与解决之道"这个命题的主旨在于通过对城市化趋势的研究，特别是中国城市文化趋同现象的研究，探索趋同化的内在规律、外在动力的研究，找出避免趋同现象的途径。而城市景观作为一座城市历史与文化的积淀、更新和传承的载体，是城市文化形象的外在体现。对当今我国快速城市化进程中普遍出现的城市景观特色趋同问题的研究，正是考察、分析城市文化趋同现象的重要切入点。

为此，本书意在研究城市景观在城市演进历史过程中的演进规律、对快速城市化进程中景观趋同深层原因进行剖析，以期重新塑造城市个性特色、通过城市景观塑造文化形象，为文化形象趋同提供解决之道。本书的目的更在于以理论研究为基础，将杭州作为案例，结合快速城市化进程中杭州城市景观演变的研究，探索理论在杭州的实践与应用，为中国城市避免城市文化趋同现象提供可供参考的解决方案。

城市景观特色的美学价值生成来自于城市自然景观禀赋和城市自身的文化底蕴，并随着时代的变迁，人们价值观念的变化对城市景观特色的价值有着不同的判断。广为市民感知并认同的景观美学价值必然成为城市空间景观塑造中所需要研究的基本问题。对城市景观的研究与分析是一个复杂的课题，涉及景观设计学、城市文化学、美学以及城市规划等多学科领域，但是对城市景观特色的价值判断必须从"人"的视角出发，而后回到对人的基本需求特别是当代人的价值观念上来。只有这样才能准确地把握城市景观特色的内在规律，重塑符合当代人需要、继承历史、面对未来的景观特色解决之道。

科学的价值判断与认识是解决城市景观问题的基础，城市规划与管理是积极能动的实施操作手段。从城市规划历史的演进历程我们可以看到规划对于城市景观的积极塑造作用，在我国城市社会发展新的转型时期，研究当代的城市规划与管理如何积极有效地干预、重新塑造景观特色，造就未来的城市个性是本书的核心目的。

2）国内外研究现状

（1）城市景观形象塑造有关研究

近代城市景观形象与特色的研究在城市开放空间与环境领域较为突出。19世纪，以奥姆斯特德（F. L. Olmsted）为代表的美国景观建筑师开始倡导大型城市开放空间系统和景观保护，提倡建设城市公园绿地系统，将城市景观研究从以园林为主体范畴转向与城市居民生活更为息息相关的公共空间领域。城市景观研究专业化开始于1900年哈佛大学成立景观建筑学科（landscape architecture），当时欧洲花园城市运动的兴起和城市美化运动推动了城市景观规划的建设实践。20世纪初至50年代，美国与欧洲城市化进程带来快速的城市扩张，带来大量公共空间建设[8]，在这个时期城市景观研究进一步延伸，不仅强调维护历史建筑物，还包括建筑周边的空间以及所处的环境，并提出城市空间景观恢复涵盖邻里与社区、乡土景观直至整体区域[6]。工业化与城市化伴随全球环境问题与生态破坏日益恶化，因而各国对于城市景观的自然及其生态价值认识度不断提高，尝试新技术应用于城市景观改进以维持可持续发展，并且通过管理手段保护各类景观资源。在这个阶段的城市景观理论研究与实践，人与自然的关系处理是城市景观研究的核心，研究人的行为、需求及活动规律，进而探讨空间中的人与周围环境互动关系，是城市规划、景观、建筑学三者方法有机的结合。例如凯文·林奇（Kevin Lynch）确立的"社会使用方法"[3]，其用于城市景观研究突破仅仅将城市景观看作视觉艺术的局限，而从人的视角出发把城市景观与人的综合社会活动联系起来。刘易斯·芒福德的历史方法[5]在于对城市的物质与社会要素之间的互动规律解释，从而从更深层次将城市特色与丰富的城市文化与精神内涵结合起来。威廉·麦当诺认为："设计中做出的关乎人类、自然的生存以及他们共存的权利的决定，要为这些决定带来的后果负责。"麦克哈格（McHarg）的《设计结合自然》是城市景观生态学的重要著作，他认为生态学是景观规划的学科基础，因为景观规划不是依靠视觉上和表面上的感官判断，必须建立生态价值观念体系，将人工社会与自然有效结合才能改善人类未来的生存状况与发展前景 [7]。20 世纪 80 年代地理学开始关注城市景观，并逐步构建形成了景观规划的基本理论及应用方法框架，研究方法重点是城市景观在地理空间上的格局和演进过程。地理学对城市景观格局的研究对土地利用规划和管理影响较大，方法用于通过空间格局控制景观功能而实现可持续发展。此外在规划的新技术应用方面，随着自然地理科学及环境分析技术的不断进步，在空间景观分析上逐渐发展从手工的分析方法向 GIS 和其他多种空间分析技术的应用。

（2）城市景观管理与控制

基于对城市景观的生态性、社会性研究的认识，景观生态学原理与方法积极应用于现代城市景观管理之中。与其他生态系统和景观相比，城市景观是具有非常典型的人为活动特征，并且由于人的活动，其空间结构和时空格局具有明显的差异性。景观生态学研究认为，人类活动对自然环境的破坏性影响日趋加剧，景观格局以空间土地利用为特征的快速改变对自然气候、土壤、大气、水文、沉积物、生物多样性等生态环境造成不利影响。因此，景观生态学研究为目前城市所面临的环境污染、交通、住房等问题提出景观布局的控制依据，改善城市空间景观格局的不合理，综合解决当代城市环境问题 [13]。

在我国，随着社会经济发展，由于城市建设中越来越多地重视城市形象和生活环境改善，人们对改善城市面貌愿望迫切，因而"景观特色"也越来越受到研究者的关注。例如自 1980 年以来，各地城市兴起的公园热、广场热以及标志性建筑热等现象都真切地反映出人们对追求城市景观特色品质的热情。我国城市景观的研究自 20 世纪 90 年代以来开始广泛开展，主要研究范畴包括景观的安全格局与生物多样性保护、景观的社会文化性、景观生态结构等。我国景观理论应用范畴包括园林设计、旅游规划、区域规划、城市规划等方面，成果颇丰 [21]。

① 城市景观管理法规与政策体系

城市景观理论研究应用领域一是规划设计，另一领域就是城市管理与景观控制。在景观管理与控制方面，西方国家已形成较为成熟的城市景观的控制和设计体系。法国、美国、日本等国家的城市风貌控制各具特色。以日本为例，2004年颁布了包括《景观法》在内的三部法律，即"景观绿化三法"，并设定"景观日"，在国家层面表达国民对城市景观建设的高度认识并以法律的形式保障实施，这是日本景观建设与管理迈向成熟化、制度化的标志。

日本《景观法》的目的在于促进城市、农村、山村、渔村等地区良好的景观形成。这些综合制定的景观规划及相关措施，以实现"美丽而有风格的国土、丰富而有情趣的生活环境、有活力的地域社会，最终促进国民生活水平的提高以及国民经济与区域社会的健全发展"为目标。欧美等国家都出台了大量的景观管理法规与管理资金措施以及公众参与措施[14]。

经历百余年的发展历程，现代城市景观的研究、国外很多城市的建设和发展都能给我们多方面的经验和教训。一般而言所谓具有特色的城市，被普遍认为具有独特的自然或人文景观要素，因而能够给城市的本地居民和外来访客以较为强烈的、连续不断的印象，这种深刻的印象就是城市的个性所在。相反，如果一个城市的景观要素缺乏或者被破坏过度，或被人为地互相割裂，那么就导致了原本完整、强烈的、连续的印象的消逝，从而产生了与其他城市难以分辨的问题。

针对城市景观现状，我国城市规划界已开展了一系列探索，各地也陆续出台了一些城市景观管理措施。普遍认为上海以新天地石库门旧房改造等成果为代表的历史景观政策在中国大城市中属于较为成功的案例，一时成为了许多城市效仿的对象。上海景观管理的亮点着重体现在几个方面的突破，包括保护范围扩展、风貌保护道路——维持历史道路红线、特定技术规定，在规划管理体制方面也不乏创新，如设置景观处专门负责景观管理，以图则方式表达规划管理技术要求，在审查制度上建立了历史文化风貌区特别论证制度。2007年浙江嘉兴市出台的《关于嘉兴市区建筑景观管理暂行规定》将建筑景观管理贯穿于规划行政许可的全过程。

② 完善城市景观建设与管理的政策机制

现代景观生态学研究认为，城市生态系统是一个以人类生活与生产活动为中心的自然、社会、经济的人工复合生态系统，人为因素是城市景观管理中的主体。因此，社会经济与公共政策研究就成为城市景观问题的综合解决方案中不可缺少的重要组成部分[37]。政策机制主要结合城市景观有关法律法规，进一步从景观管理、规划建设与评价体系、财政支持政策、公众参与（含社区）等方面研究城市景观管理的实现途径。宏观上注重城市环境建设领域的长期发展与变化,社会观念、政府组织等对政策机制发展变化的影响;微观则着重于政策过程中单个的行动者行为分析,归纳出政府部门、利益团体和相关机构的行为模式,以及这些行为模式的制度和文化原因。

(3)景观特色的美学范畴研究

城市景观特色是以人为主体的能动感知,因而景观理论离不开美学与审美价值的研究范畴。在这个研究领域具有代表性的有余柏椿教授以宏观的景观对象的审美特征为切入点的特色景观研究,该研究从更为直观的角度抓住特色景观的本质属性,使人们对特色景观形式美的熟悉更加丰富和透彻。他提出以视觉感知理论思想为基础,提出了视觉对象形式关联性理论、视觉对象优势型理论和表意功效理论。俞孔坚教授提出了创建城市生态基础设施建设的景观战略,包括维护和强化山水、森林、动物之间生态发展的连续性;保护和建立多样化的乡土生态系统;维护和恢复河道和海岸的自然形态;保护和恢复湿地系统;建立绿色文化遗产廊道;开放专用绿地,完善城市绿地系统等[39]。

何小娥等人对城市特色概念进行了界定,指出:"特色是生活的反映,特色有地域的分野,特色是历史的构成,特色是文化的积淀,特色是一定时间地点条件下典型事物的最集中最典型的表现,因此它能引起人们不同的感受,心灵上的共鸣,感情上的陶醉"[19]。城市景观的特色也就是指城市景观的各种构成要素所特有的色彩、风格、文化底蕴等形成的一种特质。这种特质的形成是由于城市自身存在于特定自然地理区域,在特定的时空条件下孕育的特定历史传统和文化内涵,是一座城市能够作为与其他城市明显区别的外在形态特征。作为一个城市独有的景观显现,城市景观特色同时也是城市形象的反映,综合地体现了城市经济、社会、历史、文化、地理多层面的发展状况[43]。城市景观特色还具有历史的演进性,它随着城市社会的不断发展以及人们社会认知和价值观念变化而不断地改变与更新。

城市景观体现出历史演进性和更新变化特征,在变化过程中,往往由经济社会发展和人们审美观价值观的共同推动而形成。也就是说,社会发展、历史演变不断塑造着不同时代不同特点的综合时代特性的城市景观。因而,所谓城市景观特色是一个城市在自身所处的自然环境、经历的历史传统,并受社会经济等多方面因素影响下长期积累形成的特质,具有鲜明的时代特征与地域特征。同时这些特殊性是获得一定的历史地位,为社会成员所公认的。特殊性所涵盖的内容、形式明显区别于其他城市,并能够使人们识别该城市的景观特征。

芬兰裔美国建筑师伊利尔·沙里宁曾经说过:"城市是一本打开的书,从中可以看到它的抱负,让我看看你的城市,我就能说出这个城市居民在文化上追求什么"[1]。这句话曾经成为人们看待城市特色与城市文化的一句经典解说。在这里可以解读城市景观的丰富内涵,它是全面表达和综合了城市所拥有的社会、地理、地方风情、政治、经济、工程技术的总和。这个意义上城市景观特色的概念远远超越了城市的物质形态,在艺术层面上理解是能够引起人的美好而特殊观感的艺术性城市形态,并且内在渗透着人文方面的诸多因素。

在《城市意象》一书中,凯文·林奇曾描述:"一个不论远近距离、速度高低、白天夜晚都清晰可见的标志,就是人们感觉复杂多变的城市时所依靠的稳定的支柱"[3]。城市景观特色蕴于多种多样的内容与形式之中。城市本身是人类科学文化技术、社会活动作用于自然环境又反之受其影响的产物,是建筑发展汇集所形成的居住场所与空间聚落。城市景观是精神与物质的双重载体,它同时受到不同空间不同地域各种因素共同作用与相互影响,表现以千差万别的城市形态,因而城市景观特色的地域性是其基本差别性所在。在时代特征上,城市景观内容与形式表现包括历史与传统的、新兴与现代的特色。同样从城市景观的物质构成要素上分析,城市不同的自然地理条件均可构成不同的特色。例如作为港口城市,大连和青岛两城市在城市景观特色上仍然各有千秋,不尽相同。从城市的人文历史发展背景考察,城市的景观更是表现以不同的气质与禀赋。同是历史名城多朝古都,西安、南京大不相同,而同为水乡的苏州与杭州也差别相当明显。虽然研究的视角、出发点以及具体的解释各有不同,在城市景观特色的内涵与形式研究方面,一般认为:在地理、地貌、气候以及文化背景等诸多因素的综合影响下,城市景观是显现出很大的差异性,正是这些差异性造就了城市特色。

城市景观在一定程度上反映城市所处的发展阶段所具有的社会经济发展程度,反映物质文明、精神文明的建设水平。因此景观分析理论认为,构建城市的景观特色的基础首先要分析城市的地理形态、生物形态以及文化形态的分布位置和比重关系,以及它们在时空上的组合特征,只有以这样的客观分析为依据,分析城市景观的构成特性及具体要素的表现形式,才能实现城市景观特色的延续与构建。城市景观构建理论要研究怎样保持城市自身固有的特色,在历史和文化上的传承上不断塑造和美化自己,城市魅力怎样才能够持久地延续下去。在我国城市景观构建传统理念中天人合一的宇宙观和由儒家的理性与道家的玄思构成的人文精神历经数千年的积淀，已深深融入自然景色之中[18], [27]。景观的构建内容反映在城市建筑、城市公共开放空间、娱乐游憩景观、水域及滨水空间、历史文化纪念空间、城市夜景观及城市家具等城市景观主体上，这些具有鲜明的地域特色的城市景观内容构成了一座城市的景观形象。人们意图构建一个生态、健康的城市，以提高生活质量为目的构建城市景观，主张保护重于开发，注重人文景观的塑造、延续城市的历史文脉、增强城市的文化与文脉依存感。

与城市景观的地理环境、历史文化决定论相对应，许多学者还认为，构成城市景观特色的要素不止于此，在很大程度上政府决策、制度建立、经济发展、市民心态等多方面、多元素复合化影响城市景观[20], [21]。

2. 范围的界定

1) 相关定义
(1) 城市景观与形态

景观概念范畴较广，包括了美学、地理学、生态学、旅游学、建筑学多学科领域都对景观有不同的概念和定义[16]。地理学把景观定义为地表景象综合自然地理区，或是一种类型单位的通称，例如城市景观、森林景观等[17]；艺术家把景观作为表现与再现的对象，等同于风景；建筑学概念的景观通常作为建筑物的配景或背景[12]；生态学把景观定义为生态系统或生态系统的系统；旅游学把景观作为旅游资源和目的地。韦氏英语大词典对景观进行更文学和宽泛的定义，即"能用一个画面来展示，能在某一视点上可以全览的景象"[15]。

城市景观则是城市空间范围内的"景观"。城市景观是复杂的概念体系，其构成的要素较为庞杂，一般认为应从宏观和微观两个层次分析。宏观层面的物质构成要素包括城市形态的整体结构及其区域空间布局、轴线、节点以及区域，整体结构由具有结构特征或重要标志作用的景观轴线（如重要的道路、滨水地带、商业街等）、城市节点（如城市广场、交通枢纽等）以及相对均质的空间区域（如城市中心商务区、集中居住区、工业区等）组成。宏观层面的各组成要素从总体上表达了城市的整体特征[4]。城市景观的整体框架正是由这些要素通过一定组合方式构建起来的。

城市景观是"人们通过视觉所看到的城市各构成要素的外部形态特征，是由街道、广场、建筑群、小区、桥梁等物体所共同构成的视觉图像，是城市中局部和片断的外观"[38]。城市景观是对城市形象的"装帧"，由各种环境元素所构成的能够成为人们审美对象的形式信息总和，包括各种景观要素的结构特征、功能特征、文化特征以及人们的视觉感受和城市生活等，是以视觉图像为主的城市局部或片断的知觉形象，而城市特色则是以多方位的感性特征为基础的对城市进行总体形象把握的联觉形象。

与城市景观概念密切相关的还有"城市形态"一词。"形态"来源于希腊语，与景观概念不同之处在于其含义更强调外在形式构成的内在逻辑，也指事物在特定条件下的表现形式。从学科缘起上，形态学源于生物学，主要研究生物体在自然进化过程中所表现出来的某种形式状态[9]。所谓的城市形态，属于宏观层面上的城市景观，是在城市功能组合和结构制约下产生的外部空间形式，它包括城市功能分区、城市规划结构、城市用地形态、城市自然状况等因素。城市形态也同样包括物质形态和非物质形态两个范畴的研究。城市的物质形态包含两个层次：其城市形态的结构研究，重在反映城市新旧更替和发展演进过程中城市各功能区、内外交通的"干线轴网"所构成的景观相互作用力。城市形态的肌理研究，从整体上反映城市地面和立体空间状态以及地表的地貌属性。自然元素和人工元素是城市物质形态的基本构成要素。

随着城市研究中生物学、景观学等各学科之间的交叉，形态学被引入城市景观与城市形态研究方法中。形态学的应用在于将城市景观中水文、地质、地貌等各种自然景观要素的影响，以山系、水网为纽带的自然景观要素作为城市景观与形态分析的基础。同时，强调把城市的形成与发展看作是生命体的成长的逐渐成熟与完善过程。形态学理论认为，城市景观或城市形态的构成元素就是城市生命体构成的"细胞"，"细胞"组合与连接的区域则是城市的一个个"器官"，发挥着不同的功能作用。因此，城市规划就是对城市合理功能分区、交通网络、绿化生态网络及市政设施网络的科学组织，使城市成为一个具有活力而健康的有机生命体。而城市景观的形态骨架则是支撑整个城市有机体的骨骼，保证城市各项机能的正常运行。

（2）景观趋同

随着经济全球化的到来，使得越来越多的城市在经济增长的同时，面临着城市景观的形象危机，在我国突出表现为许多城市之间都呈现出城市文化趋同及城市景观特色丧失的趋势。对于"景观趋同"，社会各界表现出较高的关注度，这种关注并未集中对概念的解释，而是着重于对现象背后原因的阐释。多数研究认为，对于我国处于城镇化快速进程中的大量城市而言，由于全球文化交流的频繁，导致文化的生态平衡被快速打破、文化的多样性和独特性逐渐受到冲击，因此城市景观特色丧失的背后是文化的侵入与趋同[20]、[37]。城市发展在面临文化的侵入情况下，不能保持本土文化的话，就可能导致全国甚至世界城市景观的一致化。城市文化发展中存在的趋同问题深刻地反映在城市景观表现上。所谓"景观趋同"就是指景观形式缺乏个性，具有特色、传统而亲切的城市景观被相似的景观干扰，或者完全被标准化、工业化的现代主义景观形式和符号所代替。在我国，除了受到国外文化和现代建筑建造方式的侵入影响而造成的景观趋同，同时由于城市化的快速发展，大量人口进入城市进而引发的农村城市化"村村点火、镇镇冒烟"、城市边缘区城中村景观普遍存在等问题也是一些地区所共同存在的景观恶化现象。

（3）城市特色

与本书研究的城市景观趋同问题密切相关的另一个概念是"城市特色"。国内外的研究者几乎普遍认为，城市特色就像一个人的品格特质一样，对城市而言是城市的魅力所在，城市发展活力的持久动力因素，对城市的持续发展和竞争实力的提高具有十分重要的意义[16]、[19]、[20]。一个城市特色的判定是基于比较基础上确立的发展优势资源，其中景观是重要比较优势资源之一。在此，城市特色是城市发展条件优势的反映，又是更宏观范围内各类不同城市职能分工和等级层次、重要程度的表现。

城市特色的形成来自于城市发展的自然环境与资源条件，受城市发展的历史、现状以及未来演变趋势等背景因素的影响。城市特色的最直观、外在表现就是城市景观特色，建筑、地貌、植被和人工设施与构筑物等多元素综合的物质实体直观形象。城市特色的概念，更趋于强调在城市空间景观上附着的独特文化内涵、精神意境。例如，丽江被认为是极具特色的城市不仅仅是凭借其古镇建筑规划格局，更强调丽江在其特色文化环境中居民的特有生活方式。而正是这种其他城市所难以模仿的生活方式，成为外来游客以及城市居民能从中鲜明而又难以忘怀的审美体验。城市特色，则是"作为审美对象的城市的审美特征，是一种能为人们的感官所感受，并能够由感性认识上升到理性认识，获得对该城市所具有的个性风貌特点认识的一种感性特征"[20]。

（4）城市个性与城市地域文化特色

德国历史学家斯宾格勒在《西方的没落》一书中曾提出，"每一种文化都以原始的力量从它的土生土壤中勃兴起来，都在它的整个生活期中坚实地和那土生土壤联系着"，也就是说，一个民族的文化保持自己的生命力就是要保持自己个性。"城市个性"并非只是差别于其他城市的特征，而是反映了自身地域与文化特点的城市个性[22]。

如前文几个概念所述，城市物质环境特色是城市景观特色的一个重要组成部分，但并非全部内容。城市地域文化特色的概念将城市景观特色的内容、形式进一步延伸。

总而言之，随着城市研究领域的拓展、人们对城市价值观的认知变化，对于城市景观特色问题、景观趋同性问题的阐述与解释不断深入。从城市作为人类聚居地开始，就在有意识与无意识中塑造城市景观艺术，在不断反复地主动创造、被动感知中，逐渐获得对城市景观特色的理解和追求。就此，长期在自然环境、历史传统、社会经济等多方面因素影响下，积累形成城市景观特色及其个性或者特殊性。这种能够使人们识别该城市的景观特征特殊性获取了历史地位和社会公认，这种特殊性包括着深刻的内容，与城市社会发展历史、政治经济、文化、科技、价值标准等有着密切的联系，不同的表现形式是这些内在因素的外在表象。作为与城市景观特色相对立的概念——"景观趋同"也继而成为近些年来城市研究者们普遍关注并希望破解的城市问题。

2）相关理论

（1）城市景观理论

城市景观研究理论体系的构成较为庞杂，涉及地理学、生态学、建筑学、心理学等多学科融合与交叉应用。本书所指城市景观研究理论主要指狭义上用于城市景观特色分析与认识判断的主流理论，主要有城市空间解析、认知层面及行为科学与场所组织理论等。

图底理论（Figure ground Theory）和联合分析理论（Linkage Theory）是两种主要的城市空间解析的理论方法。图底理论是城市空间认知的分析方法，联合分析理论对城市空间中各要素之间的联系进行解释，通过这些联系的分析寻求空间形式组合规律及动因。伦敦大学巴利特学院希列尔、汉森等人提出空间句法理论，该理论研究包括建筑、聚落、城市甚至景观在内的人居空间结构，并对这些研究对象进行量化。空间句法理论较为重视客观分析以及实证研究，尽管空间句法理论并不旨在给出可用于实施的设计成果，但是它通过提供论据充分的空间关系研究结论，实现不同方案的比较和优选，因此能够理性指导空间设计[2]。城市空间形态理论研究以奥地利克里尔兄弟所著《城市空间》为主要代表，它重点分析了多种多样的街道和广场两种空间形态赋予了城市空间以个性和特征。

城市景观研究在认知层面理论以卡伦的《市镇景观》及凯文·林奇的《城市意象》几部重要著作为代表。凯文·林奇是城市景观研究的代表性人物，研究人作为体验者对城市景观的印象与感受，提出"城市意象"概念，认为城市意象是个别印象经过叠加而形成的公众意象，城市应该具有个性和研究意义。另外，林奇在其另一部著作《城市形态》中阐述了好的城市形态首先取决于人本身而不是技术、经济和生产方式，城市形态的历史形成取决于统治集团的心理动机。卡伦的研究重在剖析城市空间景观领域的细部形态，他认为视觉、场所和城市构成是理解环境与人之间发生感性联系的三种要素，也是使城市景观产生趣味性、戏剧性的方法要素。日本的芦原义信在《外部空间设计》中着重分析了外部空间的设计手法问题，他的著作《街道美学》运用的是格式塔心理学原则以及当代建筑设计理论，通过对西欧国家的城市街道与广场的外部空间进行比较分析，从而提出积极和消极的空间概念，针对街道空间对于不同人的人体感受进行量化研究。

行为科学理论、行为环境学为城市景观研究提供学科研究的理论基础，行为研究主要围绕人在特定环境状况中所产生的内在心理倾向和外在的行为反应特征，这个范畴的研究逐渐成为当代城市设计的理论基石。在行为科学理论研究中，场所理论（Space Theory）具有一定代表意义，它是研究人对场所的情感要求、人对场所活动的要求、场所的使用者与场所之间的相互关系等方面的内容，这方面最重要的理论著作有美国的雅各布斯的《美国大城市的死与生》和丹麦的扬·盖尔的《交往与空间》两部代表作。

（2）从接受美学角度理解城市景观趋同现象

从把人作为景观的审美主体的角度而论，城市景观特色是一定的时空领域内城市景观作为人们的审美对象，相对于其他城市所体现出的不同审美特征。在此，人是城市景观的接受者和体验者，空间环境中的人对景观的感知与对景观的评价，正是景观特色塑造研究的一个主要要素、主观因素，接受美学开拓了注重审美主体这一研究领域。

接受美学理论源自于西方文学界的文艺理论，以20世纪60～70年代德国出现了一种新的美学思潮为代表，1967年德国康茨坦斯大学尧斯提出"接受美学"（Receptional Aesthetic）概念[41]、[44]。接受美学的核心观点为，美学的研究需要从景观感受主体——受众出发，从接受者对景观对象的审美需求和期待出发。接受美学理论作为美学研究的一个重要方法，研究视角集中在读者、观者、其他类型审美作品的感受者对作品的接受范围、接受程度、以及对作品所作出的反应程度，研究的内容包括感受主体对作品的感受和接受过程、感受者所获得的审美经验和接受效果、感受者的审美心理与接受反应、这些接受经验与效果的社会作用等方面。

接受美学理论可以应用于解释城市景观特色与差异性的形成。例如欧洲罗马式风格、哥特式风格、文艺复兴风格、古典主义风格等各个历史时期建筑风格的形成,现代的工业城市以及"新艺术运动"时期以后城市景观特征反映着不同时代的景观审美主观价值的变化,而且这种审美价值都代表了当时所处时期大多数公众对时代行动审美文化的社会认同。这种文化上的认同促使作为物质形态而存在的城市建筑与景观形象特征经历时代变迁延续、继承与发展。

应用到城市景观设计、景观研究分析领域,就是景观创作的过程应反映在对象主体、创作者、感受者或接受主体者三方交互作用审美过程。

接受美学对于景观设计理论具有一定积极影响。景观设计将设计的出发点从设计与创造者的角度,延伸到站在景观感受者的角度上,研究接受者、创造者和创造对象三者的互动关系,目的是实现使景观或者创作对象能更好地被接受者接受,这样设计的景观才能成为成功的作品,设计才能成为创作的过程。接受美学理论强调在景观设计过程中接受者(景观享用者)对设计评判的客观性,很大程度上提高了景观接受者的地位。对于城市景观的创造者而言,他们必须适应大众的审美需求,知晓大众的审美期待,为使人们真正心悦诚服地接受,需要满足城市与民众的多层次需求。实现这样的追求首先应研究城市居民的特质,能够深入体味城市生活,以接受者的身份去体会、站在接受者角度上观察,以接受者为设计的出发点,致力于达到创造者与接受者互动与和谐交融^[31]。

接受美学理论对于城市景观趋同问题以及景观特色研究的另一个重要理论价值在于"审美期待"概念的提出。在接受美学理论角度,城市的景观特色是一种得到了社会公众广泛共识的景观审美,是基于这种共性形成的接受者认知和价值取向。该理论认为景观感受基于接受者的审美能力,而审美能力并非与生俱来或是原本存在,它源自于人的真实生活经验、文化水平,潜存于人自然的反射能力之内,又在日常生活或者专业接触中产生变化^[34]。接受者对城市景观特色的认知并非决定于接受者个人,它可以通过一定的途径为城市创作者提供有价值的回馈信息,也可以反过来受创作者的影响得到调动和提高。创作者可以积极主动地影响和提高接受者对特色景观的认知水平与审美能力,有助于改进景观作品的评价。

另外一个供城市景观特色研究参考借鉴的理论是 1973 年美国风景美学认知学派的 Kaplan 提出了风景审美理论模型[13]。该模型提出"可读性"、"可索性"两个概念，景观"可读性"或"可解性"意指景观信息的接受性，与接受美学的基本理念具有共通之处。与可读性并列的概念是"可索性"，表现为总体特征景观的稀有特征和景观内部结构的复杂性，如景观所包含的意义的多样性和丰富性。景观的韵律美感取决于这两个衡量标准之间相互消长的关系。景观结构简单并且空间有序的情况下，如果缺乏丰富性和组织性，结果就是景观的接受者无法获得新的信息，景观韵律美感难以获得。在景观结构很复杂、各景观要素之间缺少联系情况下亦相同。在此，景观的美感的判断来自于接受者所获得的景观信息。

3. 本书的主要内容及方法

1）本书的主要内容

虽然对于城市景观趋同现象与特色危机这一日益成为广为关注的问题，从景观设计与分析理论、接受美学等不同理论视角进行了阐述与解释，但多是单纯就城市文化谈文化，就景观论景观，或是从不同的侧面研究，缺乏综合系统的、时间纵向的、从设计思想到规划实施管理的研究。

城市规划是政府履行行政管理职能的重要手段，通过对城市规划方案的编制、实施、监督，将城市规划方案变为现实，从而塑造城市空间、形成城市景观。面对城市景观的演变及日益趋同现象，从城市规划管理的角度思考并探索维护城市的空间特色和个性是本书的基本出发点。本书在理论研究的基础上，以杭州为案例，结合快速城市化进程中杭州城市景观演变的研究，探索理论在杭州的实践与应用，从而为中国城市避免城市文化趋同现象提供可供参考的解决方案。本书突破以往就景观论景观，就文化谈文化的研究局限，创造性地将景观特色的美学价值、城市规划管理中政府行为理论对城市景观的影响纳入研究视角，并从城市历史发展纵向脉络上深入探讨城市景观特色的演变，以期从实践角度而非仅止于规划设计理念思想角度寻求解决城市景观趋同乃至城市文化形象趋同问题的有效途径。

2）本书的主要方法

历史考察法，从杭州市地方志、城市年鉴和不同时间阶段的城市总体规划，以及城市规划建设资料中梳理城市景观发展的过程。

利用系统符合法，从城市景观构成的主要要素——山水整体结构、水网生态、街巷肌理、建筑环境，从城市经济社会发展、文化特质、政府在城市景观演进过程的作用行为复合的视角，通过历史发展的痕迹，进而系统地还原出杭州市城市景观的发展轨迹。

建立具有创新意义的研究视角和技术路线。虽然城市景观趋同现象早已在理论研究及实践中被给予了高度的关注，业已产生大量的研究成果，但鲜有从景观的美学价值角度，并从将城市景观塑造放置于城市规划建设实践过程之中，研究景观特色塑造与政府行为的关系，从规划管理角度寻求解决方案用以指导实践。在技术路线方面，用杭州市城市景观历史演变为真实案例，并以历史的视角和脉络对景观特色丧失与补救进行系统的思考与研究，以为其他城市所借鉴。

从城市景观的美学价值角度，剖析城市特色景观要素的构成。研究快速城市化进程中，城市形态演变的同时，造成城市景观损伤以及景观趋同现象背后的深层次原因，探索现代规划技术控制手段的应用。

将政府的规划行为分析作为重要研究视角和研究方法。研究改革开放以来，城市快速发展进程中，城市政府规划行为的价值观基础、对城市景观特色问题的认识思路转变的影响，以及作为政府行为的城市规划对于景观特色塑造的作用和影响。研究政府行为与社会多利益主体之间的相互关系，进而探讨社会协同的城市规划管理机制以及规划保障措施构建。

3)本书的研究框架(图 0-1)

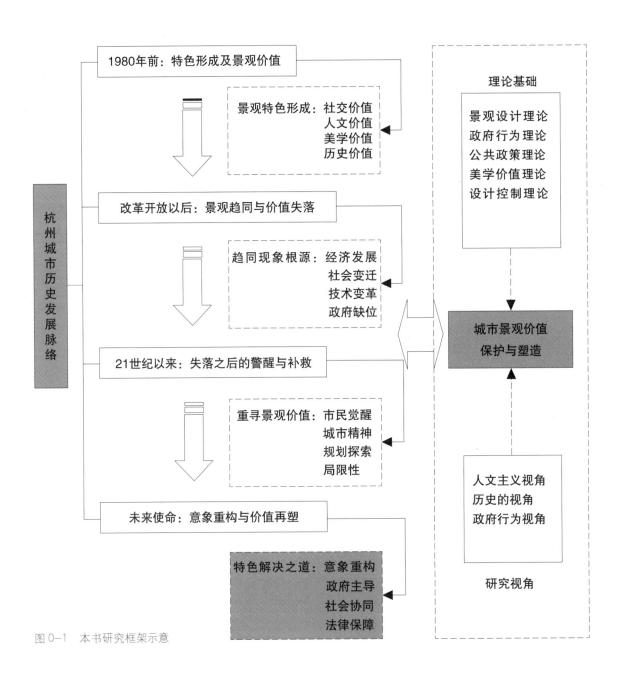

图 0-1 本书研究框架示意

4. 作为案例城市的杭州（典型意义）

尽管我国各地城市物质空间形成的自然条件、历史背景和发展历程、阶段特征具有各自的独特性，但是各地市民对自己所在城市的特色表述却有着惊人的一致性：历史悠久、文化灿烂、山清水秀、人杰地灵……客观上绝大多数的中国城市也的确在这些方面有其值得骄傲的地方，而更重要的，这应该与中国文化的家国情怀、山水情结有一定关系，也可以说这些方面是中华传统观念中对聚落文化的关注重点。毫无疑问，正是这些方面共同构成了城市景观生成、发育、兴旺、衰变的基础。在中国城市当中，杭州的历史、文化，特别是山水景观的典型性是不言而喻的。另一方面，就城市物质空间（包括城市景观）建构的影响因素而言，在中国现有体制下，城市政府行为，尤其是政府主导下的城市规划管理是最为直接、有效的关键要素之一。当然，城市规划过程中政府行为的特征也由于各自所处的政治经济地位、地理区位、城市类型的不同存在着一定的差异，但是由于我国特有的高度集中而又强有力的政治体制和组织框架，处于相近政治、经济、社会发展环境背景之中的各地城市规划很大程度上具有明确的共性和趋同化的倾向。通过选取具有典型意义的城市进行个案分析，讨论具体的城市景观空间的规划管理问题的表象，深入分析其背后的本质和根源所在，将有助于我们从更为直接的视角探索发展过程中城市景观的规划建设问题，以实现从具体到普遍，从个别到一般的探索我国城市景观趋同的深层原因及其解决之道。

本书之所以选择杭州作为案例分析的对象，一方面是因为作者本人在杭州城市规划主管部门——杭州市规划局工作，直接参与了杭州的城市规划与管理的各项工作，清楚城市发展的历史与时代背景，对城市景观控制与管理过程中城市政府以及各相关部门的行为动机与工作模式有着较为深入的了解，手头掌握了丰富而翔实的第一手资料，便于开展各方面的深入研究；另一方面，更为重要的，是因为杭州这个城市本身的城市景观管理和城市规划工作在中国城市当中具有典型意义。

1）杭州及其城市景观

杭州市地处东南沿海，浙江省西北部，京杭运河南端，东临杭州湾。全市总面积 16596 平方公里，市（辖）区面积 3068 平方公里，根据六普统计数据 2010 年常住人口 870.04 万。杭州市拥有秀美的湖光山色，深厚的文化底蕴，雄厚的经济实力，是浙江省省会和经济、政治、文化、科教中心，长江三角洲重要中心城市之一，国家历史文化名城和重要风景旅游城市，是中国八大古都之一。

　　杭州市建成区约 400 平方公里，人口 400 万上下，具有良好的自然环境，悠久的历史文化。用这样的标准，中国可以套上的城市数以百计。从这个意义上说，杭州在中国的大中城市里具有代表性。

　　杭州地处中国改革开放前沿的东部沿海地区，市场经济先行先试实验区的浙江省，不仅经济总量快速增长，人均 GDP 超过 1 万美元，形成"三二一"产业结构，社会事业也得到迅速发展，城市环境进一步改善，近年来曾先后获得"联合国人居环境奖"、"国际花园城市"和"中国最具幸福感城市"等荣誉称号。从这方面来看，杭州在同类城市当中又具有一定的超前性（图 0-2）。

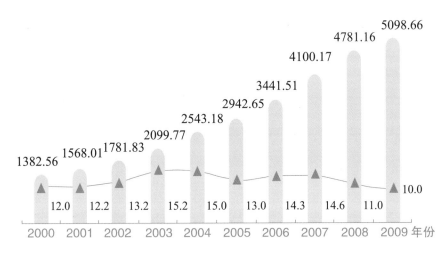

图0-2　2000~2009年杭州市经济增长情况

2000~2009年全市生产总值（亿元）
2000~2009年全市生产总值 增幅（％）

　　2）杭州的城市景观管理和城市规划

　　因为具备天然的景观优势，杭州的城市景观历来备受各界关注。自从提出为西湖申报世界文化遗产后，城市景观的保护与塑造更成为城市规划与建设管理的重中之重。杭州在历次城市总体规划中都把历史文化名城保护和城市景观建设列为重点内容，在控制性详细规划中景观视廊和景观控高也作为强制性指标。而在建设项目审批管理中，杭州市规划局又率先采用了基于实景模型的三维计算机辅助分析系统作为规划管理辅助工具。

另外，杭州的城市规划工作也被业界公认为全国较为领先，规划理念超前，编制体系完整，管理制度完善，工作程序规范，实施效果较好……这些都是兄弟城市的同行们对杭州规划工作的赞誉，这说明杭州的城市规划工作本身也具有一定的典型性和超前性。

第1章

历史的杭州
（1913～1980
年前）——老
杭州城市景观
美学价值及其
生成

第 1 章
历史的杭州（1913—1980 年前）
——老杭州城市景观美学价值及其生成

1.1 杭州城市历史演变及其社会背景

1.1.1 清代以前杭州城市经济社会发展及其景观特征

1. 隋唐

公元 587 年杭州正式设钱唐郡，辖区范围包括富阳、於潜、新城、郡治所在钱塘，共计四个县。隋开皇九年（公元 591 年），大臣杨素调集民工在钱塘江近岸的柳浦西（今凤凰山东麓）筑杭州城垣。城垣按大城规制建造，周围三十六里九十步，城门十二座。这是杭州首次造城，建设完成后州治由余杭迁移来钱塘柳浦西，由此奠定了钱塘的区域中心地位。

由于长江与钱塘江之间的太湖平原河流纵横、湖泊星布，为古"三江五湖"地区，人们习于水上生活，往往舟行代替车马。历来江南各地对本地水域沼泽进行零星的施工，局部改善灌溉和水运。隋代修江南运河正是充分利用了历代修整开凿的水道进行集中统一拓宽疏浚和沟通。隋炀帝于大业六年（公元 610 年）敕令开通江南运河，工程南抵杭州为终点。有了江南运河后，本来偏处东南一隅、江海间阻的杭州，可以向北通里运河、中运河、北运河、通运河直抵京津，彻底改变钱塘江流域偏僻的缺陷，拓通了杭城航向中原的主渠道，为杭州提供了发展机遇。

唐初杭州屡遭兵灾，社会秩序极不安定，经济上遭受破坏。只有从贞观到开元百余年时间里，杭州才真正享受到大运河之利，社会经济逐渐发达，发展主要表现在水利建设改变江湖面貌，形成了便利水上运输，农副业丝茶增产，手工业布帛、造船业领先。在这个时期处于农业社会发展阶段的杭州，城市建设的基础仍然是水利工程。从唐朝"贞观之治"到"开元之治"，全国兴修河渠陂塘堤堰很多。杭州修筑海塘 124 里，局部遏制了钱塘江的水患。富阳两次大规模修筑江堤，并开阳坡湖以蓄水灌田。唐以前西湖称钱塘湖，作为水利工程而非游览去处，并先后多次疏浚整治西湖。

杭州城市的园林建设始于唐代，西湖的名胜也起于唐代，期间诗人题诗传扬功不可没。唐代诗风特盛，对钱江潮水与西湖赞扬备至，如宋之问、孟浩然、王昌龄、李白、白居易等诗人都对钱塘江、西湖有诗题咏，尤以白居易题诗最多。诗以景名，景借诗传，西湖之名最早就是出现在白居易的《西湖晚归回望孤山寺赠诸客》和《杭州回舫》，西湖风景由此扬名四海，杭州也由此以山水名城著称于世。可见西湖乃至杭州的名胜半靠天然，半靠诗人咏唱的雕琢渲染。

杭州的灵山秀水吸引了许多高僧释子，受佛教文化影响，新建众多高雅巍峨的佛寺。据《西湖游览志余》记载，唐时杭州内外湖山之间有寺庙360座。佛寺园林为湖山造景起了一定作用。根据《隋唐名郡杭州》记载，开元十三年（公元725年）杭州刺史袁仁敬发动种植九里松，"于洪春桥西达灵竺路，左右各三行，每行相去八九尺，苍翠夹道，阴霭如云，日光穿漏若碎金屑玉，人行其间，衣袂尽绿"。九里松的修建成为杭州园林史上具有重要意义的创举。

杭州的佛寺园林、州治园林、亭台园林、绿化园林，多方面的造景集约而成，使天然山水锦上添花，长年累月造就了杭州的城市特征与个性。山水文化逐步培育形成，推动了旅游经济，使得杭州在国内城市中知名度开始提高。尽管杭州开始出名，但是实力并不强，处于中等偏小的城市地位。城市建设"城大市小"，工商业不活跃。更主要是区域隔阂，中唐以前重北轻南，满足于黄河流域的物阜民丰，以中原为政治经济文化中心，江南相对落后，经贸发展迟缓。

2. 吴越开府

五代十国时期，吴越国领十三州一军，辖今浙江和江苏南部及福建北部一带，并定都杭州。市坊制度取消后，商贸业得以破门而出，市场活跃、就业增加，加上城市扩建，水运畅通，万商云集，形成了空前繁荣的景象。杭州由浙西边缘的三等小州一举发展成两浙中心城市，开始了快速城市化进程。

唐僖宗三年（公元875年）钱镠任杭州刺史，907年封吴越国王，治理杭州达46年之久，成为历史上治理杭州时间最长、贡献最大的古代政治家。

杭州作为吴越国统治中心，名为"西府"，实即国都，成为13～14个州的大范围政治经济文化中心。作为一国首府，杭州地位远比浙西道的苏州或浙东道的越州更为重要，一跃成为全国的一等城市，事实上已成为"东南第一州"。

吴越国时期，对杭州建城史意义最为重大的莫过于钱镠的扩城工程。第一次扩建于唐昭宗大顺元年（公元890年）自江干老成西南部出发，由包家山到月轮山，再折向东北，沿西湖直达今湖滨路一带，扩展一道新城墙。因新城旧城互为依附，称为夹城。第二次扩建于唐昭宗景福二年（公元893年），沿夹城东北再修筑"城外之城"。南起旧城的吴山东南麓，向东北沿东河到艮山门，然后西折抵武林门，再向南折到昭庆寺。城形似手掌纹胸，俗称罗城。罗城最适于民居和贸易，日后成为闹市中心之一。第三次扩建于后梁太祖开平元年（公元907年），于凤凰山杭州原有州治基础上扩建成子城，作为吴越国军政机构所在处。后来南宋建皇城，便是以此为基础适当扩建加工的。

钱镠的三次扩建，外围城墙长度由30多里增至70多里，城市面积空前扩大，城市人口容量大增，容纳了不断由北方逃亡南来的移民。钱镠重视移民的安置和各类民间手工行业发展，大大促进了民间陶瓷业、丝织业等专业化发展，积极促进社会生产的商品化，扩大了区域间的贸易。商品化对城市化产生了积极的影响。工商活动的集聚繁荣了城市景象，街市坊巷充斥作坊、商铺、酒楼、茶馆、点心铺、杂货摊，与官府、寺院群相杂处，早先的坊巷布局不再受传统阛门的约束。至此城市重心已由江干北移到了西湖、运河一带，形成"三面云山一面城"的格局，为西湖时代奠定基础。

兼顾到城市安全防御、市民生活和商贾买卖的方便，吴越西府的城市规划独具一格。它在前朝旧城基础上进行大规模的改造，依四周的有利地形，穿山越岭向外扩建，以增加城市容量。这样就完全打开了原先方块形的江干小城的局限，把江干小城尽力向北延伸，包容西湖以南及以东和东北沿线。扩城工程还向东包进"大河"（盐桥河），沿河筑街、沿街设市，市内架桥，水陆通行。市场完全放开后，白天夜晚均可贸易，街区内外都成为开放式的市场。

城市经过一再扩建，不断突破了坊市旧制，建成了一个与众不同的"腰鼓形城"，能容纳更多的居民，而且城市结构发生了根本变化。于是新城依江傍湖，走向繁荣，逐步完善城市的主轴线。主轴线是城市主干道的市街，与大河基本平行，一河一道自南至北，纵贯全城，两侧延伸出分支，如同网络，连接小街和各处坊巷。除了中心区为主要闹市，其他地段也根据居民集聚的多寡自然成市。南宋都城框架除对吴越西府的城南与城北略有收缩外，城东城西承袭吴越旧制不变。直到新中国诞生以前，这条城市中心轴线维持千年未做重大改易。钱镠三次扩城把城市延伸到了湖滨，至此杭州城市与西湖在空间上开始融合，三面云山一面城的风景城市特色初现。此外，吴越时期还进行了多项重大水利工程，修钱氏捍海塘、凿礁通海、治理西湖、疏浚运河、调节湿地等，杭州初现亲水型城市的典型特征。

3. 南宋

杭州经济社会进一步繁荣，历任知府重视社会安定、经济持续发展，非常重视城市公共设施建设和环境保护。苏东坡任杭州知府时，对开发杭城的园林旅游功能和水利功能贡献卓著。他发动民工疏浚西湖，取封泥筑堤，建成苏堤沟通南北。当时就全国而言，旅游远未形成习俗，游览观光在多数地方还不普及，而对杭州来说，城市的游览观光活动已开始热闹起来。这与历任杭州地方官的倡导宣扬、"东南佛国"的宗教文化影响以及旅游资源富有特色有着密切的关系。

南宋定都临安一百五十多年，北方人口仍陆续流入临安，加上人口的自然增长，南宋后期人气急剧，民物丰阜，从自吴越以来的"东南第一州"一跃成为当时全国政治、经济、教育、文化中心。

商品经济的发展、市场贸易的扩大，加之贵族富商生活享受务求新奇，促使杭州日用工艺品的生产丰富多彩。风光秀丽的西湖山水诱人赏览，又经白居易、苏东坡提倡，影响杭州人游览风气。往来人口激增，水陆交通发达，旅游活动随之更加兴盛起来。游客主要来自进京赶考的学子、香客、商贾。为了适应旅游的需要，杭州沿湖沿山开拓出大批旅游景点。据《武林旧事》记载，南山路景点最集中，自半乐楼至暗门、钱湖门外，到赤山、烟霞、石屋，沿线景点169处。作为京城所在，临安城内多皇室贵族与富豪，生活的奢华风气兴起，争相大兴土木、圈地造园。皇家不但在宫内建有御花园，杭城内外还有多处皇家园林，如西湖之南有聚景园、珍珠园、屏山园，西湖之北有集芳园、玉壶园等。

杭州本为东南交通枢纽，定都后即成全国中心，辐射面积扩大，区域交流广泛，水陆交通进一步发展。杭州开港始于吴越盛于北宋。至南宋，随着商业的发达和航海技术的进步以及造船工业水平的提高，对外贸易更加繁荣。

南宋杭州的繁荣，反映了都市经济在整个封建经济中的地位日益重要。就城市的基本特征来说，杭州仍然是一个典型的封建消费城市，本质是十分脆弱的，城市的兴旺往往与政府的消费连带。因而随着南宋王朝覆灭，杭州作为全国性大都市的繁荣立即烟消云散。皇室贵胄和中央政府军政人员全部被驱往北方后，剩下的地方政府消费能力大幅下降，于是杭州城市的政治经济地位一落千丈，其集聚功能、工贸功能、旅游功能、辐射功能全面削弱。

4. 元至明清

元初，杭州由首都降为江浙行省治所，辖区包括今浙江、福建全部和江西东部、江苏南部以及安徽南部。元末辖区缩小变为浙江行省。元末的农民战争、明代的倭寇侵扰和清代的太平天国运动都给杭州带来巨大损失。元政府重车马轻水利，对西湖废而不治。

明弘治十六年（公元 1503 年），杨孟瑛出任杭州知府，对西湖发动大规模整治，拆毁湖中田荡，挖深湖底，修复名胜古迹，恢复"六桥烟柳"，保存苏堤春晓。同时利用挖起的污泥在西湖里筑起一条与苏堤平行的长堤。此后，西湖又几经淹没，几番兴治。但总体而言西湖呈现逐步缩小的趋势。至于点缀湖山间上百个豪华园林和密布的民间小园，那是南宋建都特有的历史条件造成的。元明清至民国的几百年间虽有零星建树，但总体看来园林毁多于建，"半是湖山半是园"的风貌难以维持。

1.1.2　民国时期杭州城市景观演变及其背景分析

1. 民国时期经济社会发展及城市规划

民国元年（1912 年）以原钱塘、仁和县合并设置杭县。1927 年，单独分离出杭县城区设杭州市，辖区东西 20 余公里，南北约 30 公里 36。一湖（西湖）、一路（中山路，即南宋时十里天街）、三河（中河、东河、贴沙河，与"十里天街"南北向平行，与大运河相连）构成了杭州古城的基本骨架，"城在东、湖在西、历史文化在南线"是杭州古城基本格局。

1925 年，浙江省工程局着手将市区交通较为繁重的道路依次拓宽，整治市容市貌，但没有通盘规划。北伐军攻克浙江后，1927 年 5 月，杭州市为了统一规划和实施城市建设，成立了专管城市建设的杭州市工务局，杭州市系统的市政规划和建设由此开始。抗战胜利后，1945 年，杭州市政府集思广益，在听取了各路专家的意见后，拟定了《建设杭州新都市计划》及《实施方案》。1948 年，市政府成立了杭州都市计划委员会，确定杭州为文化城，制定《杭州市重点与干线计划》，但是最终因国民政府濒临崩溃，该计划未能实施（图 1-1）。

图 1-1　建设杭州新都市计划

2. 城市格局的变化

民国时期，由于清末政府的腐败、西方列强的入侵造成的一系列的战乱以及工业革命带来的交通方式的改变，使杭州古城景观格局受到巨大的冲击。

1）拆除旗营，古城结构瓦解

旧民主主义革命与战乱对杭州古城的影响始于民国初年。1913 年开始有计划地拆除了旗下营（满城）和清波门、涌金门、钱塘城门和城墙，并改建道路。随后又拆除了凤山门、武林门、望江门、艮山门、侯潮五门。

1917 年，引进了小汽车并随之实施了大规模修筑道路工程，共建成道路 13 条，使杭州古城中心区域城头巷、佑圣观、板儿巷一带的传统街道格局受到不同程度的改变。此后开始修筑杭州环湖马路、西湖周围和城市中心地带的圣塘路、白公路、岳坟路、灵隐路等重要道路。在这几次修路中，杭州城区和西湖风景区的古桥梁为适应开通汽车，都被改建或重建，失去了原有风貌。为小汽车通过需要将苏堤六桥、西泠桥和白堤两桥的石阶踏步改为斜坡桥面；开元桥、丰乐桥等数十座桥梁改建成了钢筋混凝土平桥。数年后又填埋运司河、涌金池、三桥址河、浣纱河筑路，随之也就拆毁了河上多座古桥。

在民国时期，作为杭州城市标志性景观建筑之一的雷峰塔于 1924 年 7 月 25 日下午崩塌。1933 年对仅存的宝石塔进行了重修，致使宝石塔也失去了原貌，外形和内部结构发生了较大改变。

杭州古城门、城墙的拆毁和雷峰塔的倒塌，改变了一千多年来形成的杭州古城与西湖山水的轮廓线，使杭州城区景观和西湖风景区的审美价值受到较大影响，同时也打破了西湖景区与城区的界线，为日后城区的扩张提供了可能与方便。古城墙的拆毁一方面打破了古城的格局，另一方面也突破了古城墙的限制，为城湖融为一体提供了条件和可能。

2）文物古迹恢复、公园与市政基础设施建设

民国时期杭州旅游资源日益丰富，围绕西湖建设市民公园与一些景点。拆除钱塘门至涌金门的沿西湖城墙之后，开辟了湖滨公园。在孤山的清代行宫，将御花园辟为公园，后改称中山公园，公园内设浙江忠烈祠，立碑纪念浙军攻克金陵阵亡将士。西湖东面山麓修建徐锡麟、秋瑾等烈士墓为革命烈士纪念场所。

民国初年，文物古迹也有所修复。杭州国民党人的聚会地——白云庵改为辛亥革命纪念馆，修建了灵隐寺的大悲阁、翠微亭、春涂亭，翻建天王殿。民国7年、12年、22年几次修建岳王庙、岳坟。民国12～20年间，修建黄龙洞。民国12～13年，修整倾废的钱王祠，并构筑园林。

自清末至民国时期，沪杭甬铁路和浙赣铁路相继建成。此后陆续修筑杭州至上海、南京、宁波、金华、安徽等地的公路，开设钱塘江、大运河的轮船公司，市区新建道路，建设了电报、电话等市政服务设施，兴建了电厂和自来水厂。这些现代市政公用设施的出现一定程度上标志着杭州城市已迈入了新的历史发展阶段。

1.1.3 新中国成立以后至1980年以前杭州城市景观演变及其背景分析

1. 新中国成立以后杭州市城市景观演变

杭州解放后提出了"先保护后逐步改造"的方针，对西湖风景区精心保护和布置，有计划、有步骤地进行改造，要将杭州建成"东方日内瓦"。开辟了九里松、虎跑苗圃和西湖林场，为绿化西湖荒山荒地作准备。制定了西湖山区造林和西湖风景五年计划草案，开始了西湖整治和风景区恢复工作。为严格保护西湖颁布了《西湖风景区管理条例》，统一了西湖风景区的管理权限，对湖水清洁、游船、建筑、古迹、树木、土地开垦等多方面做了严格规定。

杭州于1952年提出了五年规划思想"逐步把西湖风景建设起来"，"利用整个西湖以及沿湖山区地带，造成具有统一性的大

规模的天然公园"。1952 年 6 月，杭州市政府拟定《西湖风景名胜区建设计划大纲》，提出西湖风景区的范围与建设目标。在具体设计的原则和风格方面"采取民族形式为主，同时在色彩上力求明丽愉快，在布置上力求广大开朗"。

由于杭州城市的性质定位为风景疗养城市，省市乃至国家各级单位在西湖风景区建造了一批疗养院。西湖周围几处著名的私家园林也被改建成高级招待所和宾馆，园林的原来面貌已不复存在，园林的游憩功能、服务对象发生了改变。

1958 年开始拆除东城、西城、北城仍然残存的城垣，在城垣旧址上修筑了环城东路、环城西路和环城北路。1970 年，吴越时期为子城南门、南宋时为朝天门的鼓楼被拆除，至此杭州的陆上城垣已被拆尽了，作为历史上的古城边界就此消失。

杭州当时多条历史街巷保存完好。下城区内建于宋代之前的道路有褚家塘、七宝寺巷等，建于宋代的有御街北段、余官巷等，建于元代的有广福路、叶面巷，建于明清两代的有青云街、白井儿头等，仅在一个区的范围内就有古街道及遗址一百多处[23]。国务院曾对杭州和西湖周边地区的建筑物高度有过硬性的规定，认为不适宜建高层建筑。同时受到当时经济发展水平的限制，杭州到 20 世纪 70 年代末城市历史街区和城市传统中心区仍然保存相对完好，保持着从吴越国到南宋、明、清以来的传统格局和历史面貌。

杭州作为新中国成立后全国最早对外开放的游览参观城市，来杭的内外宾和游客日益增多。杭州市政府对西湖山区进行封山育林，发动群众植树绿化，对西湖进行全面疏浚，改变了长期荒芜的环境面貌。在西湖风景区，开辟植物园、花圃，兴建花港观鱼、柳浪闻莺公园，整修灵隐寺、净慈寺、岳庙、三潭印月、湖心亭等景点，修筑环湖西路（西山路）、龙井路、九溪路。扩建大华饭店，新建杭州饭店、华侨饭店、浙江旅馆、城站饭店、武林饭店，拓宽通往机场、车站、码头的道路，新增公共汽车、游船，架设无轨电车，改善旅游服务设施。随着国民经济的发展和人民生活的改善，国内来杭州游览的人数有所增加，在春秋旅游旺季，风景点内游人十分拥挤，交通、食宿也很不便。为此，扩建花港观鱼、平湖秋月等公园绿地，改建玉泉观鱼、涌金公园，扩大游览活动容量。

"文革"期间，杭州的许多名胜古迹遭到严重破坏，国内来杭州旅游的人数大为减少。"文革"结束后，国内外来杭州旅游的人数迅速增加，西湖风景名胜区加强管理，开展植树绿化，整修破损的名胜古迹，恢复整洁的环境面貌。

2. 新中国成立以来历次总体规划

1) 1951 年与 1953 年编制的杭州规划

新中国成立后杭州一直都在努力寻求城市的正确定位。1951年 9 月，杭州市建设局根据"为发展工业事业服务；为发展风景美化西湖，为劳动人民服务"的方针，绘制了《杭州市区域计划草图》。

1953 年 6 月，杭州市建设局为适应休疗养事业和教育事业发展需要，草拟了城市计划大纲。1953 年 8 月，建筑工程部城市建设局工作组和苏联专家穆欣来杭州指导编制杭州市城市总体规划，这是杭州市学习苏联城市规划理论和方法编制的第一个内容比较完整，具有一定深度的城市规划方案。

杭州市成为新中国成立后第一批编制了城市总体规划的城市之一。在《杭州市初步规划示意图》中（图 1-2），确定"杭州是以风景休闲疗养为主、适当发展轻工业的风景城市"，城市规模定为 60 万人口。这个新中国成立以来首次编制的杭州市城市总体规划，对以后相当长一段时期产生很大影响。这个规划的基本点是以西湖为中心，对环湖路到湖边的五千亩地拟建成一个"环湖大公园"，明确规定在这个区域内的原有建筑只拆不建，对那些可以保留的建筑物，要改造为游览服务设施。这一规划在严格保护西湖自然风景的基础上，成为指导西湖风景区建设的重要依据。然而，该规划也由于苏联专家并不十分了解杭州的历史文化和人文精神、城市特征，不足之处在于将城市定性为"休疗养城市"。所谓休疗养城市，大面积的风景区只供少数人用。自 1953年按照苏联模式规划，环湖布局以大面积低密度疗养区域，导致环西湖不少秀美地段被圈占，开辟为休疗养区，或者把著名景点变为别墅，分割了沿湖风景地带。长期以来这些单位占据了大片土地，影响了彻底的"还湖于民"。苏联模式偏重于自然景观的利用，珍贵的历史遗产被苏联专家忽视了。当时西溪、鼓楼、杨公堤、古城墙以及市区内不少名人故居、旧居均被漠视。城市性质考虑了杭州自然景观的独特优势，却对城市工业发展考虑不足，忽略了城市综合功能的培育。城市布局上，打破了杭州长期以来城东湖西的空间布局关系，突破了旧城范围，在其西北面规划了文教区、在东面和北面规划了生活区。但规划以西湖阮公墩为中心，在空间布局方式上采用核心中轴放射或环形放射的布局方式，城市公共空间以集中的大绿地广场为特色，与杭州市自然山水格局不能很好地结合。路网采用轴线放射的手法，不符合杭州传统城市景观风貌特色。

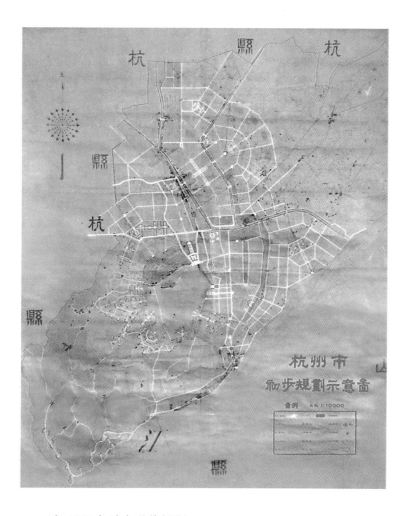

图1-2 杭州市初步规划示意图

2）1958 年城市总体规划

1956 年 9 月中共第八次代表大会召开，确定今后的任务是大力发展生产力与经济建设，此后杭州市开始了以工业为中心的全面大规模建设。1958 年杭州市制定了《关于 1958-1967 年的城市建设规划》，这是杭州市编制的第二轮城市建设总体规划。该规划以发展工业为重心，提出"奋斗三五年完全可能把杭州建设成中等的以重工业为基础的综合性工业城市"。1958 年杭州市建设局根据"大跃进"要求，对 1953 年的规划结构作了根本修改。1959 年 10 月定稿的《关于 1958-1967 年的城市建设规划》，经杭州市委审查批准正式上报省委同意。规划提出要"奋斗三五年"，把杭州建设成"以重工业为基础的综合性工业城市"。工农业同时开展生产大跃进，以工业为重点，尤以重工业为中心。部署了半山、拱宸、江干、闲林埠、上泗、良渚、回龙山、富阳、萧山、上城和下城共计 10 个工业区（增辖萧山、富阳两县）。集中资金投向工业，城市以钢为纲，全民大办钢铁、大办工业，基本形成了半山、望江门、拱宸桥、古荡和留下、龙山几大工业区。

此次规划对杭州城市性质定位"工业的、文化的、风景的城市",将杭州的城市功能从休疗养为主的风景旅游功能转向了重工业生产功能,因而城市空间布局发生了重大转变。规划布局以西湖为中心,划市区为4个分区,即风景区、文教区、工业区和住宅区;弥陀山以南面临西湖的昭庆寺旧址为省、市行政中心;铁路南星桥、艮山门附近和拱宸桥运河东岸规划为仓库码头用地。对"一五"期间合理组织城市用地,统筹安排各项城市建设,保护西湖风景区,促进经济、社会发展和改善市民的生活条件,起了积极的作用。但是,城市的性质把工业的职能放在首位,在风景区和居民稠密区甚至在运河两岸兴建不少工厂,偏离了城市的特点。在空间布局方式上,规划沿干道、河流布局绿带;取消了很多处环形放射、中轴线放射道路结构的布局模式,整体为顺应地形的方格路网构建道路骨架。规划突出了城市生产功能,但脱离杭州缺少能源、矿产的实际,忽略对西湖风景名胜区和城市环境的保护。

1958年杭州对西湖风景区的建设,由于受到"首先保证工业发展需要"规划的制约,带着"大跃进"的痕迹,西湖保护受到一定影响。但是对西湖风景区的发展方向还是做了明确的规定:西湖四周辟为环湖公园,西南面山区辟为森林公园,植物园设在玉泉一带,动物园设在石屋洞一带;休疗养区设在六和塔到云栖一带钱塘江边。为此,杭州一方面加强了西湖疏浚、林相改造及西山路、灵隐路、虎跑路两侧的绿化工作,另一方面颁布禁令,对风景区和铁路公路两旁的护路林严禁砍伐(图1-3)。

城市性质的变化促使杭州从消费城市逐步转向工业城市,严重地偏离了风景旅游城市的发展轨道,形成了北工南居的格局。产业结构的调整带动了城市从已有数百年历史的老城区沿运河向北,沿西湖向西,沿钱塘江向西南扩展。半山重工业机械工业区、拱宸桥纺织工业区、祥符桥小河轻化工工业区、古荡留下电子仪表工业区、望江门外食品工业区5大工业区初步形成,对今后的城市发展影响深远。

1961~1964年是我国国民经济调整时期,受全国计划工作会议宣布的"三年不搞城市规划"的决策影响,杭州市的城市规划处于停顿状态。

3)"文化大革命"后期修订的杭州规划

1966~1976年的"文化大革命"时期,杭州市城市规划工作也遭到了空前浩劫,城市布局被搞乱,风景点和文物古迹被侵占和破坏。直至"文革"后期,杭州市委和市革命委员会组织人

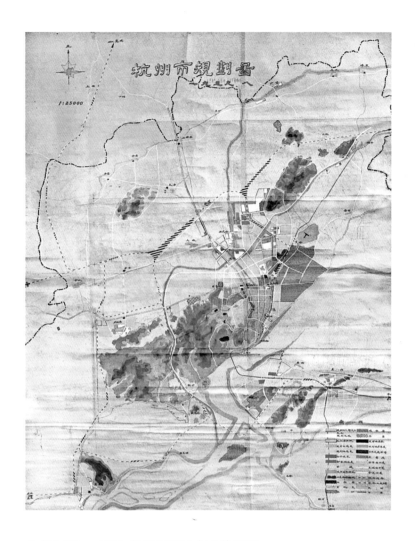

图 1-3 杭州市规划图（1958 年）

员在 1970～1973 年修订了城市总体规划。

城市性质定位为"社会主义工业城市和革命化的风景城市"。人口规模确定 20 世纪末建成区人口控制在 80 万人；规划控制建成区用地规模为 70 平方公里以内。

由于城市逐步向北发展，拟将浙江展览馆广场附近地区开辟为文化商业中心，除正在建设的杭州剧院以外，再安排国际电信大楼、省科技活动交流站、大型百货商场等公共建筑。工业布局方面扩建和调整近郊已初步形成的工业区，限制和搬迁城区特别是环湖风景区内的工厂。规划黄龙洞以北或教工路以西为体育用地。城市蔬菜基地设在城东四季青、笕桥等公社；果园设置在古荡以西、钱塘江边、大观山、半山北侧、超山等处；渔业基地设在古荡附近；牛奶厂设在半山。

此轮修编中工业与风景并重，反映了当时对这两者之间关系的认识。对工业布局提出了一些好的思路，如新建工厂原则上不放在市区，应布置在市辖七县内；对城区内已有的三废严重，又不符合规划要求的中小工厂，要加强治理，不再就地扩建，应适当调整或逐步迁出；西湖风景区内不准再新建工厂，对风景有影响的工厂要坚决迁出。但由于"左"的思想依然严重，修订后的城市性质仍然偏离杭州实际情况。

1.1.4 小 结

本章以杭州市城市建设的发展历史为脉络，着重分析梳理杭州老城景观的形成过程，探讨改革开放以前城市经济和社会发展与城市景观特色形成的关系。

从隋唐时期设钱塘郡直至改革开放，将杭州城市发展分为清代以前、民国时期、新中国成立以后三个阶段分别阐述。

清代以前，自大运河开凿改变了地处钱塘江流域偏僻的区域条件，便利的水利运输条件给予杭州城市发展机遇，城市农副产业、商贸业繁荣，灵山秀水与佛寺园林的结合造就了早期杭州市城市特征与个性。在此时期，杭州城市发展在钱镠三次扩城之时，城市面积空前扩大、街巷格局形成，城市中心已由江干移至西湖、运河一代，奠定了西湖时代"三面云山一面城"的景观格局基础。南宋定都成为全国的政治经济文化中心，经济的繁荣，同时受"东南佛国"宗教文化的影响，杭州的城市建设达到鼎盛时期。元代以后的战乱对城市带来破坏，明代对西湖曾大规模整治，但总体而言，元代以后城市建设趋于衰落。

民国时期，杭州开始了系统的市政规划与建设。清末战乱以及农业社会的商贸城市的转变，工业发展、交通方式的改变，使杭州古城景观格局受到极大冲击。杭州古城门、城墙的拆除和雷峰塔的倒塌成为古城结构瓦解的标志，改变了一千多年以来形成的古城与西湖山水轮廓。公路、铁路的修建拓展了城市原有的空间，也促进了旅游业的发展。

新中国成立以后，古城垣的拆除进一步改变了古城格局。作为全国最早开放的旅游城市，杭州对西湖景区进行逐步改造和建设。新中国成立以后历次城市总体规划对城市景观控制、格局的演变发挥了重要作用，环湖休疗养区、运河两岸工业区、环形放射道路网结构、"大跃进"时期大规模的工业区布局等的规划与建设形成了这一时代城市景观的基底。

1.2 老杭州城市特色景观的构成及其美学价值

1.2.1 整体空间格局

1. 传统空间格局特征及其要素分析

《周礼·考工记》是我国早期城市营建中最完整的思想体系，其中提出了我国城市，特别是都城的基本规划思想和城市格局："匠人营国，方九里，旁三门。国中九经九纬，经涂九轨。左祖右社，前朝后市，市朝一夫……经涂九轨，环涂七轨，野涂五轨。环涂以为诸侯经涂，野涂以为都经涂。"这些规划理论和方法一直影响着中国古代城市的建设。中国经历了漫长的封建社会，古代城市的典型格局以各个朝代的都城最为突出，其中元大都和明清北京城是中国古代城市中最具影响力的典型格局，是《周礼·考工记》城市形制的完整体现，充分体现了中国古代的社会等级和宗法礼制。

中国古代城市的传统城市特色景观由城墙、街巷、水系、建筑和集中式园林构成（图1-4）：

1) 城墙

早期城市的地域景观以城墙为其界限，形成强烈的城市轮廓线与其他地域相分隔，城墙成为城市有别于乡村的主要人文地理景观特征。城池平面大多为方形，城墙依地势而建，高大而坚厚，给城内居民以安全感，给敌人以威慑感。城墙矗立在广袤的郊野上形成了一道很好的人工景观。比如存留至今的南京明城墙走势，呈多边形，蜿蜒起伏，把历代设置的府、县均包括在内，据岗垄之脊，控河湖之水，堪称一道战可据、退可守的坚固屏障。而南京古城墙13座城门之一的聚宝门（现中华门），除外观宏大无比，威武森严外，其结构又颇为精巧；城门内外共四道，形成三座瓮城（即两道城门之间的空间）；战时可将敌人困于其中，躲在瓮城内外27个藏兵洞里的伏兵冲杀而出，形成瓮中捉鳖之势。

城墙、山、水和田野构成了一组美好的城市景观，后来城墙所包括的范围有所扩大，为了保卫国家疆土，往往沿国界或依据一定的自然条件修筑绵延千万里的城墙，人为地修筑一道屏障，如始建于公元前5世纪春秋末、战国初年的万里长城，如今已经成为了地球上的一道壮美的风景（图1-5、图1-6）。

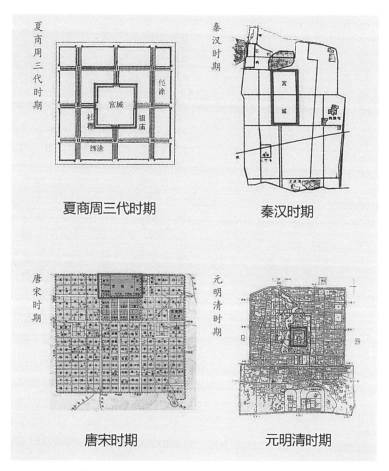

夏商周三代时期

秦汉时期

唐宋时期

元明清时期

图1-4 各历史时期古城格局图

图1-5 歙县古城门图

图1-6 杭州凤山水城门图

2）街巷

如果把城市视作一个肌体，那么街巷无疑就是它的血脉。纵观唐、宋、明清的城市格局，给人最深印象的应该是其城市肌理的和谐优美，这正是许多现代都市所缺乏的。中国古代城市的肌理主要是由街巷形成的，坊巷中建筑体量的集聚方式及密度直接反映了城市的肌理。街巷空间及院落空间是古城肌理的组织结构，对于建筑的集聚起到组织和驾驭的作用。古代城市肌理的和谐，原因主要在于街巷规划的等级分明、条理有序。传统街巷空间，如唐代之坊内外两套街巷体系的内向空间；宋代之线性开放空间；明清之注重序列的空间等，都有其独特风格，而且随着城市的发展，可识别性增强。城市须首先具有特征才可识别、可印象，而街巷空间正是构成这种可识别性和可印象性的主要场所。

3）水系

水系河流对城市的起源和发展很重要，河流水系先于城市存在，城市依托水系发展。几乎世界所有的历史古城发展都与水系密切相关。

《管子》一书提出建立城市水系的学说："故圣人之处国也，必于不倾之地，而则地形之肥饶者，乡山左右，经水若泽，内为落渠之写，因大川而注焉""地高则沟之，下则堤之"。根据这一学说，古城须建设一个周连贯通的沟渠系统，并排水于江河之中。

中国古代城市水系的规划建设采取因地制宜的原则。在水渠充足的江南水网地带，有条件规划建设纵横交错的城河水系，而水源不足的北方一些地区，城内河渠须按需要与引水的可能性而规划设计。

城市景观特色的形成与城市的水系有着不解之缘。众所周知，杭州因有西湖而名扬天下；苏州河道密布而有"水城"的美称；济南因"家家泉水，户户垂杨"被誉为"泉城"。江南水乡，城内河渠纵横，别具风貌。然而，每个城市仍各具特色。就以它们的水系而言，也形态各异：苏州呈棋盘格子状；无锡城壕呈菱形，城河呈鱼骨状；绍兴有七条城河，称为七需弦；嘉定城壕略呈圆形，城中骨干河道呈十字交叉状；上海、松江城壕也呈圆形，但城河状态又各不相同，形成各自特色。城市水系上的众多桥梁，形态各异，韵味各别，使城市呈现出不同的艺术风貌（图1-7）。

4）建筑

中国传统建筑形制的基本统一，构成了除街巷之外，另一大城市肌理和谐的原因。从宫殿、坛庙、寺观到集市、民居、学堂，建筑的变化只在于屋顶的式样、色彩和等级，且建筑群体以单体来组织，以院落为核心，虚实相间。中国古代建筑既注重与自然的高度协同，追求"天人合一"的境界，又特别重视对平易、含蓄而深沉的美的追求；在布局、空间处理上体现出伦理等级观念，但在外在的庄严氛围下，却交织着浪漫的意韵，追求人工与天趣的统一、端庄与含蓄的统一、规格化和多样化的统一、更追求理与情的统一，所有这些特征使得中国古典建筑形成了一种飞动轻

快、精致典雅、舒适实用、富有鲜明节奏感和民族艺术特色的独
特风格而著称于世。

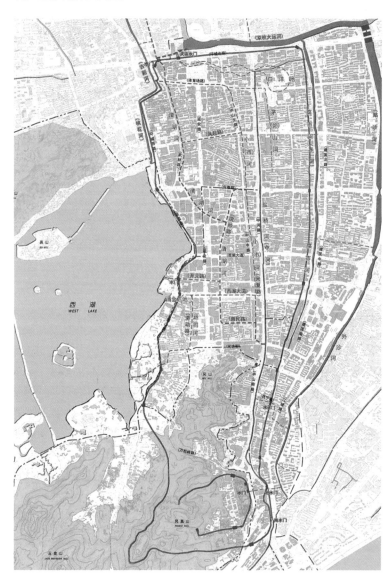

图 1-7　南宋临安城城内水系分布图

5) 集中园林

　　水系在城市中优美的景观表现形式是园林，园林离不开水，
水滋养园林；园林规划与都城规划是密不可分的；城市水系统的
充沛决定了城市园林，特别是大型皇家园林的选择、兴建。例如，
对北京城市生态环境影响最大的是乾隆皇帝的造园活动，从乾隆
三年（1738 年）到乾隆五十五年（1790 年）间，皇家园林的建
设几乎从未间断过。其间新建、改建和扩建的大小园林按面积计
算起来将近 4 000 公顷，分布在北京宫城、皇城、近郊、远郊、

畿辅以及承德等地。营建规模之大，是宋、辽、金、元、明以来所未见的。乾隆时期对园林格局的整体优化，促进了城市园林兴建的全面繁荣。在以皇家园林为主导的城市园林文化影响下，除了皇家苑囿和寺庙中的园林，大大小小的园林遍布京城，带来城市景观、气候与生态系统的整体优化，加之道路与河道沿线绿化，北京城的绿化和水体分布呈点、线、面有机结合的庞大网络。

2. 中国传统城市景观的美学思想

中国传统山水美学为中国人的生存方式和价值追求提供了理想的模式，也为古代城市建设提供了精神指南。中国山水美学思想，把中国的山水诗词、中国古典园林建筑和中国的山水画融合在一起，营建和谐、自然、合理的城市自然环境，构建中国特有的"山水城市"。

孔子曾说："仁者乐山，智者乐水。"在中国传统文化中，山水与人紧密相连，好的山水让人赏心悦目，也能陶冶性情。中国"山水城市"的模式其实就是处理好"天、地、人"之间的关系，遵循因地制宜、道法自然的原则。中国古代城市的选址与规划对山水的重视非常突出，大多城市的选址首先是考虑城市跟山水的关系。《管子》里面有一句话："凡立国都，非于大山之下，必于广川之上。高毋近旱而水用足，下毋近水而沟防省"。中国许多有名的历史城市都依山水而建，或将山水也包括在内。古都北京、杭州等都是具有理想山水格局的大环境设计思想的典范。

同时，从《周礼》的"营国制度"中，也可以看出"择中而立"、"居中为尊"等的礼制思想在中国古代城市景观特色上的反映。中国古代城市规划的思想与儒家哲学思想有很大关联。儒家思想重礼、崇孝、尚文，在重礼的思想下，一切建设活动都要符合礼制的约束，无论是都城规划、宫殿庙宇还是普通住宅都讲究对称、规矩与等级，如天子所属的建筑均要高于都城的其他建筑，高于全国其他城市。天子以下的各级王公贵族，要按礼制各行其位；各级地方统治机构均按其位、其所在城市，其官衙规模大小、房屋用的材料与颜色、主体建筑间数等都有严格的等级制度。儒家提倡尊敬长辈、敬祀祖先，并形成了中国的大家庭制度，营造了以礼为纲的传统合院式住宅布局二合、三合、四合院等。以上并成为我国古代各类建筑组合方式的缩影，包括宫殿、王府、衙署、庙宇、祠堂、会馆、书院及其他建筑，乃至村镇、城市的布局等。

3. 杭州历史空间格局的演进

杭州有 8000 年文明史、5000 年建城史。在 8000 年的文明演进中，形成了跨湖桥时期、良渚时期、吴越时期、南宋时期四大发展高峰，其中南宋时期是杭州城市发展史上的顶峰时期。

杭州城市的生成与发展始终和钱塘江、西湖以及由天目山余脉所构成的山系紧密相连。西湖周围的山体以天竺山为最高，其向东伸延分为南北两支，即北面的宝石山和南面的凤凰山、吴山，形成怀抱西湖和杭州城（西湖原为钱塘江口的海湾，后由于钱塘江带下的泥沙塞住湾口，变为湖泊）的两个岬角。而杭州东北地势平坦，河网交叉，是为杭嘉湖平原的南缘。在这样的环境中，城市的生成过程与地理条件的变迁密切相关。

历史上杭州城市历史空间格局的变迁共经历了六个时期：

1）聚落时期——城市生成

发现于 20 世纪 30 年代的良渚文化是杭州地区历史最为悠久的古代文化之一，距今约为 5000～4000 年。从城市历史的角度看，良渚文化虽然整体上仍表现为一种原始聚落的形态，对自然环境的依赖性较强，但也出现了一种先进的城市理念，目前正在发掘的古城遗址不仅规模庞大，而且形制也相当完整（图 1-8）。

相关研究显示，这个时期杭州所处的宁绍平原应当是古代吴越文化的发源地，越人的祖先就是在这种得天独厚的自然环境中繁衍发展起来的。这个时期在杭州地区存在着多处不同的城市遗址，表明这里自古就是一个相对宜居的环境，适宜于长期居留。

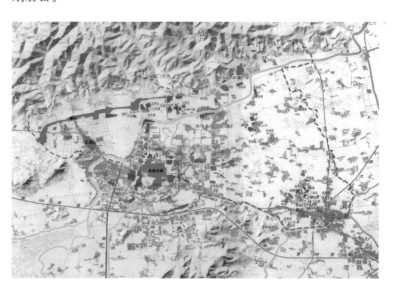

图 1-8　良渚古城范围图

2007 年在良渚文化遗址发现了城墙遗址，城墙宽度达
40～60 米。这一发现使得良渚成为了"中华第一城"。2011 年，
在良渚古城的东城墙外一处叫美人地的遗址发掘中，又发现了呈
东西分布的居住地和古河道形成的水街以及城墙上的 6 座水城门。
这些重大发现又将城墙、水系、街巷这些传统城市景观要素在杭
州城历史上的出现向前推进了两千年。

2）隋唐时期——山林城市

早先的杭州城主要在南面的凤凰山麓及其周边的淤积平地上
展开。隋唐时期的杭州城居于丘陵之上，依山面水，军事防御的
功能十分突出。这是由于当时的城市规模还不大，而西湖的面积
应当比现在更大，与钱塘江之间还存在大片的沼泽与水系。这个
时候，由于大运河的疏通，城市获得了难得的发展机遇，社会经
济水平有了很大的提高，杭州的得名也始于此时。唐代诗人白居
易出任杭州刺史期间，启动了治理西湖的工程，筑堤建闸，放水
灌田，并重修六井。这时对西湖的治理更多地应当出于农业发展
的考虑，目前杭州老城一带还基本上是农田，但毫无疑问，这为
以后城市由山林地带向平原地带的发展奠定了良好的基础。

隋唐时期杭州城的选址遵照了中国传统城市格局的山水美
学，是具有理想山水格局的大环境设计思想的典范（图 1-9）。

3）吴越时期——从山林城市到水乡城市

随着城市规模的扩大和地理环境的变化，城市逐渐从山地转
向平地，如何合理利用水系就成为城市建设所面临的重要问题。

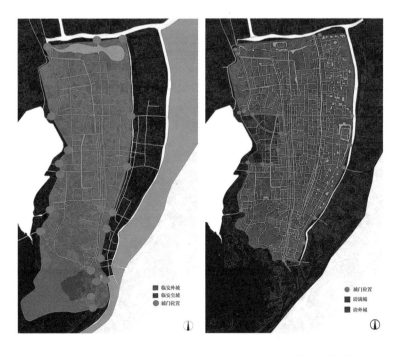

图 1-9　南宋到清杭州城市空间形
态演变图

唐至五代时期，人们对西湖和钱塘江的治理为杭州城市的稳定发展奠定了坚实的基础，使杭州真正成为一座水乡城市。如果说白居易为杭州开启了治水营城、融自然于城市的先河，则公元 9～10 世纪钱氏政权对杭州的治理就开始了真正意义上的城市建设时期。唐末，镇海军节度使钱镠踞杭时，在凤凰山麓大筑罗城，周长达 35 公里，建有 10 座城门，3 座水城门。至五代后梁时期，吴越王钱镠自月轮山（今六和塔）起至艮山门沿钱江筑捍海塘，世称"钱氏捍海塘"或"钱氏石塘"。另外，他还对西湖也进行了专门治理。这些活动奠定了以后杭州城的空间发展基础。

4）南宋时期——江湖之间

杭州从江南重镇成为南宋都城应归功于南宋诸帝的长期经营。此时的杭州已经成为一座繁荣的水乡都城，这在中国城市史上十分罕见。城市南依凤凰山、北接宝石山，在西湖与钱塘江之间的狭长用地内发展起来。那时的钱塘江岸大致还呈南北走向，距现贴沙河不远，城与江之间还是大片水塘和沼泽。因此，南宋杭州是一座典型的居于江湖之间的水乡城市。在西湖与钱塘江之间有多条水道东西向穿越城市，与纵贯城市的南北向河道一同构成网格状的城内水系。发达的运河系统自城北分散为多条较小的河道如毛细管一样渗透到城市的各个部分，支撑着活跃繁忙的社会经济活动。经过数百年的经营，城内水系早已与街巷系统融为一体，形成水陆一体、纵横通畅的城市交通网络。这样，在西湖与钱塘江之间，以及在南部的凤凰山、吴山及北部的宝石山之间，"腰鼓"状的杭州城就成长为中国历史上最繁荣的一座商业都市和文化中心。

5）明清时期——江湖城市

清同治年间，为强化对内地的控制，在城市中普遍设立满城。杭州满城位于城市中部偏西，近邻西湖。满城的建设形成了一座城中之城，加上满城南北靠近西湖一侧的大片用地被府衙、寺院、仓廪等各类公共设施所占据，使得居民的主要活动范围实际上远离西湖，"城"-"湖"分离的趋势越加明显。直至 1911 年辛亥革命以后，杭州开始拆除满城，打开涌金门至清波门之间的一段城墙。杭州城市景观对西湖的真正影响肇于此时。

1905～1909 年沪杭铁路与杭甬铁路的建设标志着杭州从运河时代向铁路时代的转型。铁路的建设促进了城市的进步，近代工商业的发展，导致近代杭州的第一次"东扩"，即跨越东河的城市建设，逐渐靠近钱塘江发展，杭州城也渐渐成为真正意义上的沿江与临湖城市（图 1-10）。

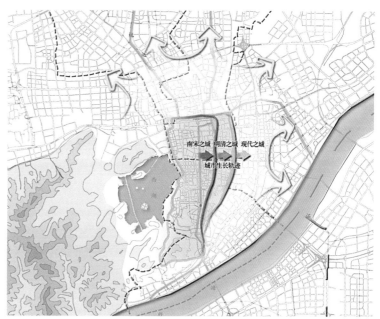

图 1-10 杭州历史空间格局拓展图

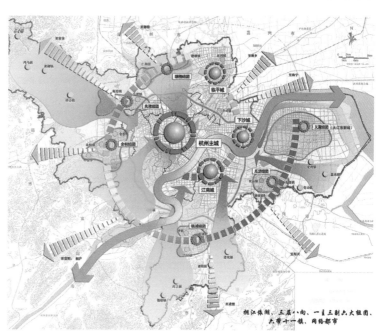

图 1-11 杭州大山水城市空间格局

6）近现代时期——大山水城市

1937 年 9 月，钱塘江大桥建成通车，为杭州实施跨江发展战略奠定了基础。对杭州城市布局与发展来说，钱塘江大桥建成前，杭州市所有规划图均没有做跨江发展计划。钱塘江大桥建成后，杭州城市空间有了向钱塘江对岸的东南扩展的希望。杭州城开始从狭义的"三面云山一面城"发展为广义的"云山处处城带水"的空间格局。在这个意义上，杭州不仅再次成为一座江湖之间的巨大城市，还将江湖包容于其中，形成大山大水大空间的城市大格局（图1-11）。

4. 杭州"山、水、城"空间关系

杭州城市空间的变迁与自然环境紧密相关，杭州城位于江湖之间（西湖和钱塘江），南部山体楔入城内，水网密布，构成了其良好的山水格局，形成了特有的山水文化与山水城空间系统。

1）"山"—"江"关系

历史上，吴山、凤凰山、玉皇山是钱塘江的天然屏障，山与江是直接相连的关系（图1-12）。（现状山与江之间已被城市的高层建筑阻隔）。

2）"城"—"湖"关系

古代城址有城墙包围，城与湖之间有城墙分隔，湖是城市外围的景观资源的，也是城市天然保护防御屏障，两者是封闭式的空间关系。西湖是老杭州城内最大的景观资源，湖与城相接且互相融合，形成城市开敞式的空间关系（图1-13）。

3）"城"—"山"关系

吴山、凤凰山、玉皇山是城市周边标志性的制高点，城市整体低矮，山成为了城市巨大的景观空间背景，城市的天际轮廓主要由山体的起伏形成（图1-14）。

4）"山"—"湖"关系

山与湖相连，形成了浑然一体的大山水环境，这是杭州老城的自然景观和文化景观的重要依托。杭州老城"山、水、城"空间关系是对中国传统城市空间格局美学价值中"山水城市"的完美体现（图1-15、图1-16）。

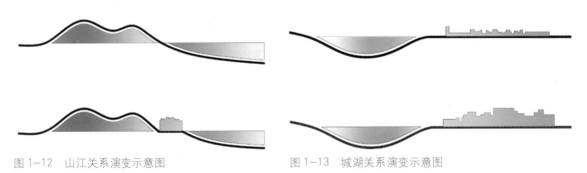

图 1-12 山江关系演变示意图   图 1-13 城湖关系演变示意图

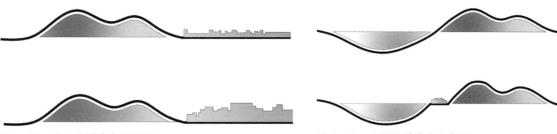

图 1-14　城山关系演变示意图　　　　　　　　　　　图 1-15　山湖关系演变示意图

图 1-16　民国时期与现代"山、水、城"空间关系比较图

1.2.2　城防与水网格局

1. 城防体系的变迁与评价

1) 城防体系的变迁

杭州老城城防体系的发展经历了形成—发展—完善—瓦解四

个阶段。隋唐是杭州城防体系初步形成时期，吴越和南宋是发展时期，至元明清得到完善，形成了现代市民概念下的古城范围，到了民国开始瓦解，新中国成立后彻底消失。

（1）形成期

隋唐时期，杭州第一次建造城垣，周长三十六里九十步。城垣东临盐桥河（今中河），西濒西湖（今湖滨一带），南达凤凰山，北至钱塘门（今六公园附近），东划胥山于城外，西包金山、万松岭于城中。设有钱塘门（至清犹存）、盐桥门、炭桥门、凤凰门。

（2）发展期

吴越杭州城在唐代杭州城垣的基础上大加扩展，内有子城，外有夹城和罗城，共三重，这是杭州城防体系第一次快速发展。"吴越国曾先后三次筑杭州外城，第一次在唐末大顺元年（890年）。南部主要以西南山区为界，北部东西城墙沿吴山以北的隋代运河杭城段直抵今德胜桥以西的夹城巷，东西相距不到300米，南北却达12里，故称夹城。第二次在景福二年（893年）七月，在夹城基础上，新筑罗城，其东界从东新关桥起，沿五里塘河向南，再沿今中河西侧向南，抵六和塔江边，其北界从东新关向西偏南接夹城，再向西至下湖河东侧的东马腾向南经流水桥，沿西湖东岸向南，过赤山埠、四眼井至六和塔江边。第三次筑城在开平四年（910年），将杭州城墙的东界，从中河西侧的罗城再东拓到今东河的西岸，今中河当时成为城内运河，今东河为城壕。"

至此，吴越国时期的杭州城业已形成。当时杭州城的四至是：东临钱塘江，南达六和塔，西至雷峰塔，北抵武林门外的夹城巷（长板巷）和艮山门一带。罗城四周南有龙山门，东有竹车、南土、北土、保德四门，北有北关门，西有涌金、西关二门。城中有朝天门、炭桥新门、盐桥门。此外，还建有几座水城门。城西有钱元瓘所开的涌金池（水门），设水闸，称涌金闸。城北北关门旁有天宗水门和余杭水门，经天宗水门可以出入茹山河。经余杭水门可以出入盐桥河。城东竹车门旁有保安水门，出入茹山河。因罗城城垣"南北展而东西缩"，南北两端广而中间狭，形如腰鼓，故称"腰鼓城"。城垣西北隅，外形曲折多变，称之为"九曲城"。在此后近千年间，杭州的这种空间形态并没有根本性改变。

南宋临安城在原吴越罗城的基础上重新修筑，东部扩大，南北收缩。总面积有一定缩小，与现代地图叠加北至环城北路，东至东河，南至规划凤凰山路，西至环城西路、桃花河、古新河。共13座旱城门，分别为余杭门（今武林门）、艮山门、东青门、崇新门、新门、保安门、候潮门、便门、嘉会门、钱湖门、清波门、丰豫门、钱塘门，另设有水门六处，即北水门、南水门、保安水门、涌金水门以及余杭水门和天宗水门，此外城内御道上还有朝天门。
宫城则在原吴越子城上修建，范围东起现中河南段以西，西至凤
凰山南自笤帚湾，北达万松岭，方圆九里。其中主要城门有丽正门、
和宁门、东华门和西华门（图1-17）。

图 1-17　南宋至现代杭州城郭变
迁图

（3）完善期

　　杭州的城防体系在元初一度破坏后，在元末，由张士诚组织
重建，其较南宋城垣又再次东扩，约 1.5 公里，南北收缩，共 12

座城门。分别为余杭门、天宗门、艮山门、庆春门、清泰门、永昌门、候潮门、和宁门、钱湖门、清波门、涌金门、钱塘门，此外环城还设水门 5 座，即余杭水门、艮山水门、保安水门、凤山水门和涌金水门。明清城垣基本上沿张士诚之旧，明时废除了钱湖、天宗两门，改和宁门为凤山门，余杭门为武林。此后，杭州城门固定为武林门、艮山门、凤山门、清泰门、望江门（明时为永昌门）、候潮门、清波门、涌金门、钱塘门、庆春门 10 座，并一直延续至清末。

清代为了分隔军民，在城内修筑旗营，范围约 4.5 公里，东至今青年路、惠兴路、岳王路一线，南至今开元路，西至今湖滨路，北至今庆春路。有城门共 5 座：延龄门、迎紫门、平海门、拱宸门、承乾门，还有 3 座水门，分别在将军桥、结缚桥、盐桥处。

（4）瓦解期

民国初，杭州的城防体系开始瓦解。城墙被推倒，最先拆除了满营的城墙，改建为商业新区，后又拆除了沿西湖清波门至钱塘门之间的城墙，让居民门搬入了城内。1907 年沪杭铁路的通车，列车破城墙而入，也拆除了清泰门段部分城墙。新中国建国初期，遗留的城墙还未被大规模拆除，到了 20 世纪 60 年代快速的城市建设发展，城墙逐渐被拆除，城防体系彻底被瓦解。1958 年开始拆除东城、西城、北城的残存城垣，在城墙旧址上修筑了环城东路、环城西路和环城北路。1970 年鼓楼被拆除（吴越国时为子城南门、南宋时为朝天门），这样杭州的陆上城垣就被拆尽了。

2）老杭州城防体系综合评价

旧时的城门地址在如今的杭州地名仍有保留，如武林门、清波门、艮山门、庆春门等，其对应的范围大体上相当于环城西路、环城北路、环城东路、西湖大道所围合的区域（图 1-18）。

以文献记载的杭州古城墙为范围边界可以认为是传统意义上的老城区，老城区内格局基本上呈现出棋盘式几何形结构，充分体现了中国传统城市景观要素中城墙围合与水网密布的特色。然而，杭州古城门、城墙的拆毁和雷峰塔的倒塌，改变了一千多年来形成的杭州古城与西湖山水的轮廓线，使杭州城区景观和西湖风景区的审美价值受到较大影响，同时也打破了西湖景区与城区的界线，为日后城区的扩张提供了可能与方便。

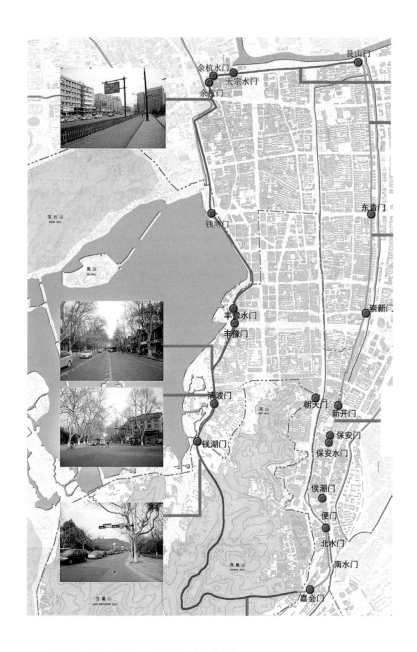

图 1-18 杭州老城门分布图

2. 水网体系的变迁及其景观要素评价

1）水系格局的变迁

杭州老城的水系网络呈现逐渐变少的趋势。经历了以下几个阶段：江湖相连期—江湖分离期—水系充裕期—水系衰减期—水系聚减期。

（1）江湖相连期：在隋代以前，现在的西湖是与钱塘江相连的，西湖相当于一个小海湾。

（2）江湖分离期：隋朝开始修筑防海潮大堤，加速了西湖的形成，与钱塘江分离，使杭州城市南北分隔的宝石山东麓聚落和吴山东南聚落逐渐相连。

（3）水系充裕期：南宋到清代，杭州城面积不断扩大，水域面积虽有所减少，但大小不等的水塘被人工改造形成贯通的水系网络，体现了水乡城市的特点。

（4）水系衰减期：到了民国，杭州的河流逐渐变窄，河塘变少，水系网络呈衰减趋势。

（5）水系聚减期：新中国成立后，随着城市的建设，大量河流和水塘被填埋，水网不断减少，如浣纱河、小河等都已消失（图1-19）。

图 1-19　杭州各历史时期水系变迁图

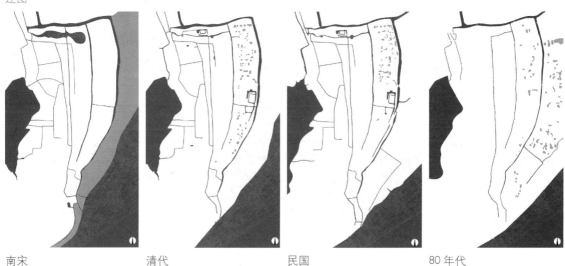

南宋　　　　　　　清代　　　　　　　　民国　　　　　　　80年代

2）历史水系景观要素综合评价

杭州历来是著名的水乡城市。杭州城的水系格局一直保持了整体骨架的完整性和连续性，体现了传统城市与水脉相依存的景观特质。城内桥梁众多，河系通连，水系与道路相辅相成，构成了老杭州河道纵横交错的城市水网，保证了城内外的航运畅通与物资供应，也显示出江南水乡城市的风貌。西湖与群山的关系，也为杭州搭建了山水城市的完美构架，使得杭州成为中国城市山水美学营造的典范。

但经过隋唐以来几百年的发展，尤其是新中国成立以后的大兴城市建设，导致老杭州的水网体系格局遭受了一定破坏，水网密度偏低，结构破碎。

1.2.3 街巷空间格局

1. 街巷空间格局的变迁

杭州的古城格局是随着城市的繁荣形成和发展起来的。自隋建城以来，城内的道路和河流平行，由南至北贯穿全城，形成南北修长、东西狭窄的腰鼓城态势。吴越建都，城区虽有所扩展，但其基本态势未变。钱镠在扩建杭城的同时，还规划了杭州城内的主干道。盐桥河是吴越时期杭州城内主要河道之一，也是构成杭州水乡城市的主要因素之一。在盐桥河旁，平行修建了作为杭州主干道的道路。这样，一河一道自南至北，纵贯杭州城。道路的南端为吴越王宫，北端则为市坊、民居群。

南宋临安依水而建，城市面积迅速扩大，形成了城中有坊、坊中有巷，坊、市相融的格局，奠定了城市街巷的基础。此后八百多年，经历了元、明、清、民国四个时期，虽然城区内现存的古建筑绝大部分为明清时代建筑以及一些晚清至民国初年建的居民住宅，但街巷格局基本形成于南宋时期。

从杭州城市发展看，杭州街巷空间的发展大致可分为北宋前——"里坊制"，南宋至清——"坊巷制"，民国——"里弄"，新中国成立后——"路、街"四个阶段（图1-20）。

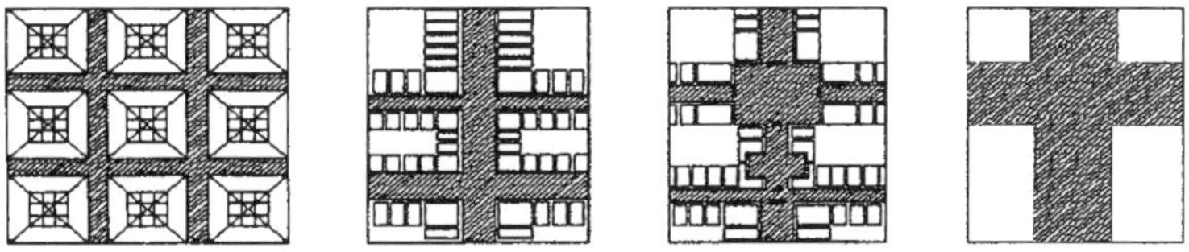

| 唐 | 宋 | 清 | 现代 |

图1-20 街巷空间格局演变图

南宋临安时期主体路网格局是呈丰字形的，南北向的道路主要承担御街的交通疏散功能，与此相交形成五纵四横的道路骨架。

清代已经形成了交错网状，同时沿着满城城墙内侧修建了环城墙的道路，内部有其自身的路网格局和分级体系，并有牌坊立于街巷之口。

民国时期满城内更形成了整齐的方格状道路，主要骨架道路有所拓宽和拉直，已逐渐形成了具有现代城市规划特征的方格网体系。

新中国成立后，杭州老城内的道路不断处于拓宽中，传统街巷也迅速减少，大量水系被填为道路，形成了环状加方格网的道路体系。

2. 传统街巷景观要素评价

一湖（西湖）、一路（中山路，即南宋时的十里天街）、二河（中河、东河、贴沙河，与"十里天街"南北向平行，与大运河相接）构成了杭州古城的基本街巷格局空间景观，"城在东、湖在西，历史文化在南线"是杭州古城格局的形象写照。

从南宋到新中国成立后期，杭州的街巷系统在主体骨架上不断加密、不断拓宽，不断网络化。到 20 世纪 70 年代末，杭州的城市历史街区和城市传统中心区仍然保存完好，街巷系统仍然存在，保持着从吴越国到南宋、明、清以来的传统格局和历史面貌，空间肌理较为连续、丰富，公共空间与私密空间有机融合（图 1-21～图 1-23）。

图 1-21　民国时期杭州街巷

图 1-22　杭州南宋时期街巷格局
留存情况

图 1-23　杭州十五奎巷街巷空间改造对比图

1.2.4 建筑风貌与开放空间

1. 建筑要素分析

杭州城市建筑有深厚的历史文化积淀，形成以木结构为主的传统建筑模式，富于观赏性的建筑比比皆是。杭州寺院林立，梵音不绝，钟磬相续，素有"东南佛国"之称。杭州又是道教的繁盛之地，道观数量也属可观。

民国时期，杭州建筑仍以中式传统建筑模式为主，胡雪岩故居是精英阶层人士民居建筑的代表，集木雕、砖雕、石雕、浮雕、浅雕、泥塑之大成，"无品不精，有形皆丽"。合理控制建筑层次、扩大绿地面积也是这一时期杭州建筑群的追求。其中，上城、江干一带的建筑群具有代表性。这两个区域聚集了一批风格独特的民居建筑，多为一至二层的砖木结构，飞檐翘角，粉墙黛瓦，既古朴典雅，又与特定的水乡环境相协调，构成了优美的建筑群景观。

杭州通商后，西方现代建筑艺术传入，中西风格开始互融。西式建筑的兴建不仅为以古朴东方建筑为主的杭州增添了别样色彩，而且促进了建筑设计风格的中西融合。

城市基础设施方面的道路、桥梁、供水等设计突破旧模式，如钱塘江大桥、清泰自来水厂等。20世纪20年代，杭州城市建筑中开始使用钢筋混凝土，一般为3～4层，最高7层。建筑外墙多采用水泥砂浆饰面。建筑外立面，以水刷石或斩假石做花饰和古典柱式，更高级的则以花岗石贴面及采用花岗石雕花饰件。

新中国成立以后，20世纪50年代根据苏联专家的意见，将杭州城市的性质定为风景疗养城市，各大单位在西湖风景区建造了一批疗养院。西湖周围几处著名的私家园林也被改建成高级招待所和宾馆，园林的原来面貌已不复存在。"东城西湖"原本是杭州空间形态的最佳组合，它高低有致、开合有度，西湖群山高耸而城市建筑低平，西部群山连绵紧密而东部湖面、城市平原地面开阔，相得益彰。国务院也曾对杭州和西湖周边地区的建筑物高度有过硬性的规定，认为不适宜建高层建筑。

2. 公共开放空间分析

早在唐代起，杭州就开始依傍着西湖兴建园林。至鼎盛期，佛寺园林、州治园林、亭台园林、绿化园林、私家园林繁盛不已，大多位于环湖地区，借西湖之景。园林这一传统城市景观要素在杭州被演绎得淋漓尽致。但当时，园林多为私人空间，并不为公众所共享。

民国建立后，在开辟新市场时，加强了对环西湖一带公园的建设。1912年7月22日，杭州开始拆除钱塘门至涌金门城墙，建立湖滨公园。湖滨五公园的开辟，是民国时期杭州最早的公园建设。五个公园由五块大小不等的园地连缀而成，全长近一公里。公园之间修建码头，加强了新市场和西湖的衔接。杭州市政府成立后，认识到"公园为市政设施上应有之设备，关系市民健康与市容观瞻，至为重要"。于是，在1929～1930年，对湖滨原有的五个公园进行了改建，新筑花坛，栽植草木，特别是在沿湖一面建造了铁链水泥栏杆，装置了电灯，增设了凳椅。在各公园相隔处设立雕塑纪念物，如北伐阵亡将士纪念塔、陈英士像、淞沪抗日阵亡将士纪念塔，选题的政治色彩较浓。1929年，又将圣塘路附近的20亩土地辟划成湖滨第六公园。五大公园与第六公园统称湖滨公园。

位于西湖孤山之麓的中山公园，依山傍水，地理位置优越，四周风景宜人，原为康熙南巡时的行宫。民国初年，将原行宫的部分园地改建为公园。1927年，为纪念孙中山先生，将公园命名为中山公园。同时，对原有公园进行改造，拆除后山围墙，使里外西湖的景色没有了空间上的阻隔。公园中的"西湖天下景"亭，原为清行宫一角，修整后显得视线开阔，为观赏西湖风景的较佳地点。1932年，文人黄文中题联云：水水山山处处明明秀秀，晴晴雨雨时时好好奇奇。

此外，还规划开辟了上城公园、吴山公园和城北公园、城站公园等新的公园。

这些环湖公园、城市内的公园和西湖一起构成了杭州老城的公共开放空间体系（图1-24）。

3. 建筑风貌与空间肌理综合评价

杭州建筑风貌与肌理评价可分为："需延续的建筑风貌与肌理"、"可重塑的建筑风貌与肌理"、"可提升的建筑风貌与肌理"三种类型。这三种肌理相互交叉，共同构成了现代多元复合的空间肌理特征（图1-25）。

1）现需延续的建筑风貌与肌理：地面现存的文保单位、历史建筑、历史街区、历史地段以及风景园林等的空间肌理，需予以保留与延续。

图1-24　杭州老城公共开放空间格局

图1-25　杭州老城建筑风貌与肌理综合评价图

2）可重塑的建筑风貌与肌理：位于地下重要遗址区域，规划可结合遗址保护建设保护罩或复原建筑展现的空间肌理。

3）可提升的建筑风貌与肌理：在地下遗址可重塑的空间肌理与现存传统空间肌理的外围建控地带，结合功能的调整，通过整治、加建、新建等方式构建的具有传统肌理元素的空间类型（图1-26）。

元福巷历史地段

勾山里历史地段

图1-26 现状的传统空间肌理与
风貌

1.2.5 文化景观与历史遗存

1. 地下遗存

全国重点文保单位南宋临安城遗址是2001年经国务院批准公布的第五批全国重点文物保护单位，也是"十一五"期间中国一百处重要大遗址之一。现状的杭州老城城市中心即于南宋临安城遗址上发展而来，城址现状功能分布呈现以下特征：

① 临安墙遗址范围内的总用地面积约11平方公里。其中城区面积约占75%；西湖风景名胜区面积约占25%。城区用地的面积较大，开发强度较高，对遗址的破坏较严重。

② 城墙遗址范围内的城区用地现状以居住、商业办公、旅游配套服务等功能为主，其中公共设施用地集中分布在北部武林广场、延安路及近湖地区，是市级公共中心，承担商业、旅游服务、文化休闲等功能；城区用地的居住功能较强，约占临安城城墙遗址范围内城区建设用地面积的40%。

③ 城墙遗址范围内的景区用地主要分布在凤凰山景区，用地功能以风景游赏用地和林地为主，约占79%；其次为居民社会用地与滞留用地，搬迁难度大；游览设施用地较少，旅游配套不足。

④ 临安城遗址范围内现状用地功能复杂，除道路水系格局骨架外，现状主要遗址片的用地功能与南宋临安城的历史功能基本无延续性与关联性。

1）已发掘的地下遗存分布情况

临安城遗址现已考古发现的遗址约20多处，包括"皇城遗址、德寿宫遗址、严官巷御街遗址、卷烟厂御街遗址、太庙遗址、城墙基础遗址、钱塘门遗址、朝天门遗址、白马庙遗址、姚园寺遗址、三省六部遗址、临安府治遗址、府学遗址、五府遗址、诵读院遗址、恭圣仁烈杨皇后宅遗址、老虎洞官窑遗址、郊坛下官窑遗址、惠民路制药遗址、白马庙巷制药遗址、船坞遗址"等。

2）重要遗址片分布情况

临安城城址范围内分布有六大片地下重要遗址分布区，总用地面积约190万平方米（图1-27）。

"大内遗址片"，包括大内遗址保护范围，大内遗址城墙范围外30米内，面积约59.33万平方米。

"太庙-三省六部遗址片"，包括太庙、三省六部、五府五学等遗址，北至吴山脚，西至西湖风景区东界，南至万松岭路以北约50米，东至中河高架下中线，东至中河，面积约40.55万平方米；

图1-27 南宋地下重要遗址片分布图

图1-28 杭州老城内地上文物古迹
分布图

图1-29 杭州老城内历史街区与
历史地段分布与风貌特征评价图

"德寿宫遗址片"，东起直吉祥巷、城头巷，西至中河，南起望江路，北至水亭址、梅花碑、斗富三桥、郭东园巷，面积约19.08万平方米；

"府治府学遗址片"，北至中国美院南界，南至清波街，东至劳动路，西至南山路，面积约19.7万平方米；

"景灵宫遗址片"，北至环西新村南界，南至庆春路，东至武林路，西至环城西路，面积约24.95万平方米；

"八卦田官窑遗址片"，北至玉皇山脚，南至凤凰山路，东至南宋官窑遗址建设控制地带东界，西至八卦田遗址建设控制地带西界，面积约31.48万平方米。

南宋临安城遗址整体性强，真实性和丰富度强，能反映南宋的政治、经济、文化；历史环境要素能体现遗址的延续性较强；背景环境能体现文化、自然生态的延续性强。不足之处是临安城遗址地面基本无存，绝大部分未经考古发掘；地下遗址保存情况不明，由于被现代城市叠压，除重点遗址，大部分已被破坏；城内历史水系保存较差，现状南宋历史信息不能整体表达、传递。

2. 文物古迹

老城是杭州市历史文化遗迹最为丰富和集中的地区，有各级文物保护单位85处，其中全国重点文物保护单位9处、省级文物保护单位22处、市级文物保护单位29处、文物保护点25处，以及杭州市政府公布的一至四批历史建筑共150处。文物古迹类型多样，有地下遗址、古建筑、石刻造像、名人墓葬以及桥、塔等构筑物。年代从五代到民国，其中明清及近代占有较大的比例（图1-28）。

3. 历史街区与历史地段

杭州城文化底蕴深厚，历史街区和历史地段众多（图1-29）。既有反映民国时期传统商业建筑群和近代商业街区的典型风貌的中山中路历史地段，又有体现清末民初古城风貌的清河坊历史街区。仅南宋皇城大遗址公园范围内及其周边就有历史文化街区5处"中山南路-十五奎巷历史街区、清河坊-大井巷历史街区、中山中路传统商业历史街区、思鑫坊近代民居历史街区、湖边村近代典型民居历史街区"，历史地段11处"兴安里历史地段、韶华巷-恰丰里历史地段、泗水坊历史地段、平远里历史地段、惠兴路历史地段、龙翔里历史地段、中山中路历史地段、安家塘历史地段、元福巷历史地段、勾山里历史地段、五柳巷历史地段"。

1.2.6 小 结

中国古代城市规划的思想受儒家哲学思想的影响深远，在儒家重礼思想的影响下，城市规划与布局讲究对称、规矩与等级，无论是汉长安城还是明清北京城均体现了这一思想。《周礼·考工记》作为城市营建中最完整的思想体系，提出了基本的规划思想和城市格局。在儒家重孝思想的影响下，营造了以礼为纲的传统合院式住宅建筑布局形式。规划与建筑结合共同构成我国古代城市的规划思想与各类建筑组合的方式，包括都城、府城、一般城镇，以及宫殿、王府、衙署、庙宇、祠堂、会馆、书院等建筑。另外中国山水美学思想，把中国的山水诗词、中国古典园林建筑和中

图 1-30 传统与现代景观比较图

国的山水画融合在一起，营建和谐、自然、合理的城市自然环境，构建了中国特有的"山水城市"审美意境。

具体而言，传统城市的景观要素由城防（城墙、城门、护城河）、水网、街巷、建筑、公共空间等组成。其中，传统中国城市的城防的发展普遍经历了"形成——发展——完善——瓦解"四个阶段的过程；老城城内及周边水网的演变也普遍经历了"水系充裕期——水系衰减期"的演变过程；老城街巷的演变经历了北宋前的"里坊制"、宋至清的"坊巷制"、民国的"里弄"、新中国成立后的"路、街"四个阶段的发展演变；老城建筑景观随着生活方式与社会关系的变化经历了材质、风貌、高度等的发展演变过程。但是传统审美标准并未随之而改变，西湖文化景观作为世界遗产所体现出来的审美意境与所代表的"精神家园"即是佐证（图1-30）。

第2章

失落的杭州
——发展的迷
茫与城市景观
价值的失落

第2章
失落的杭州
——发展的迷茫与城市景观价值的失落

2.1 改革开放后城市景观趋同的背景与政府的规划行为

2.1.1 改革开放后的城市规划建设与背景分析

1. 社会大背景

改革开放初期，中国经济的窘迫及信息的闭塞造成城市建设投入的严重不足，除了北京、上海等少数大城市在国家支持下建设了少量标志性工程以外，无论是大中城市还是小城市，建设量均不大。即使有建设也是大量的"工业与民用建筑"。"经济、适用、有条件的情况下兼顾美观"是长期以来的基本建设指导原则，在具体规划建设实践中"美观"几乎均"无条件"顾及。市民们对城市景观已逐渐麻木。

20世纪80年代以后，随着国门的打开，人们猛然间发现世界可以如此精彩，一时间对单调、多年不变的城市景观批评渐起，求新、求变成为城市市民普遍的愿望，迫切而日渐强烈。这种情绪也不可避免地体现在作为社会主导阶层的城市政府管理者的思想及具体工作中，城市形象的改变成为政绩体现的最首要指标。

然而需要变成怎样、如何改变，当时社会各界都显得十分茫然。一方面"文化大革命"割裂了国人对博大精深的中华文明的传承，甚至在一代人的心目中视其为封建流毒与精神糟粕进行批判，完全忽略了对其价值的珍贵，更遑论加以应用和发扬，而部分有识学者也因"文化大革命"的历史原因不敢或不愿对这种趋势加以阻止。

这样，我国本土的文化根基就失去了营养的供给。

另一方面，改革开放之初虽看似涌入了令人眼花缭乱的花花世界，但真正有价值的文化信息却十分有限。或者说有可能被国内的建设者认知的完整理论十分缺乏，对于城市文化与景观的介绍均十分肤浅，而且来源也较为单一。多见于引鉴纽约、芝加哥的摩天楼；巴黎、罗马的古建筑，乃至于两者融合的建筑形式一度成为很多中国城市建筑模仿的基本模板。当时城市政府为了更好地建设城市，派出大批领导干部出国考察学习，但非常遗憾的是，由于无法言说的深层原因，当时考察行程千篇一律地限制在几个城市串联起来的单一线路中。考察的时间、方式基本上无法让考察者真正学习到国外城市文化建设与景观形成机制的精髓，而这批考察官员所见所闻也就成了其心目中的现代化城市的标准，造成了在 20 世纪 80 年代后期及 90 年代前期在大陆地区猛刮"欧陆风"的不良后果。

从 20 世纪 80 年代中期以后，学术界开始大量介绍引进西方城市规划建设理论，从田园城市到生态城市，从技术决定论到沟通协调理论，从自由主义到凯恩斯主义，从管制理论到善治理论均有所涉猎，特别是建筑理论最为引人瞩目。古典主义风格、乡村田园风格、现代主义、结构主义、解构主义、新古典派、表现派、高技派、野兽派、未来派等多元化的建筑理论充斥学术期刊，一派欣欣向荣的景象。但是美术界的这种讨论并未及时延伸、扩展、转化成对各种理论形成的历史背景的深刻理解和中国城市文化与景观建设的深入思考。当然没能引起全社会对自身传统建筑文化与外来文化的比照与反思。而城市规划建设的决策层也限于体制仅对部分可以支撑其实现其政治抱负的理论有兴趣。这正是后来进入快速城市化阶段后，以宏大的轴线、宽阔的广场、高耸的标志性建筑为特点的终极蓝图设计手法在中国大行其道的思想根源，也是直到现在仍时常出现的部分城市政府选择性地截取西方一段局部理论作为其攫取短暂经济或政治利益的理论依据的历史根源。

2. 经济背景

改革开放为中国经济带来了巨大的活力，以分产到户、家庭联产承包责任制为起点，乡镇工业崛起为标志，农村经济体制改革的成功不仅稳固了粮食的保障，也解放了大批的农村劳动力。随后跟进的城市经济体制改革和对外开放成为城市化的快速推进力量，也打开了城市对外的窗口，体制改革带来的人民工作热情的激发及生产力的迅速发展，为社会积累了较为充足的财富。

特别是城市住房体制的改革，打破了一直以来供给制的城市住房保障体制，转而以商品住房购买作为城市居民获取居住权益的主要方式之一。这种转变符合中国传统思想中先"安居"而后"乐业"的理念，并恰在市民刚已获得一定的财富积累的时候推出，引发了居民购房置业的热潮，而长期因供求关系引起的房产升值更为这一热潮增添了助推力量，商品住房开发为主力的房地产也成为中国城市化中的一支中坚力量。

中国快速城市进程中另一个独特的景观是工业园区的遍地开花。经济发展指标历来是上级政府对下级政府考核的最关键因素，而工业项目的发展当然成为地方政府高度关注的热点。招商引资也成为中国政治生态的一道独特的"景观"。在工业招商引资热衷最常用的政府手段是"筑巢引凤"，一方面是较好的生产服务硬件设施更能引来良好的工业项目；另一方面，大场面的工业园区建设本身也是一项看得见、摸得着的实实在在政绩。

大学园区建设也是因中国许多大中城市的一项城市发展工程，一方面新建更大规模的大学园为其学生扩招创造了条件，集聚在一起的校园也营造了"看起来很美"的新城景观；而地方城市政府更为看重的是原来这些大学所占据的大片位于城市核心地区的土地得以腾出，成为城市房地产开发的绝佳用地，可为城市创造巨大的财富。

"CBD"这个外来词为大城市市民耳熟能详，尽管其中部分人甚至不知道它还有个中文名字叫中央商务区。20世纪90年代后期CBD建设受到大多中国城市政府的追捧，除了少数大城市，很多中小城市均把城市政府大楼（或命名为城市行政服务中心、市民服务中心）及其门前的大型市民广场（有的还带有壮观的景观轴线）作为其第一个项目，然后在周边建设公共建筑，如文化中心、影剧院、体育馆等，配以数幢商务办公楼。相当一部分中小城市因为没有企业入驻，商务办公楼只能卖给政府部门成为行政办公楼。无一例外的是，城市政府在对"CBD"的决策过程中，都包括了两个考量因素，一是新的城市形象，一是对周边地价的带动。

当然在城市建设发展进程中，伴随始终的另一个现象也是中国独有的——土地征用与农民的拆迁安置。城市的扩张无疑将使用原有城市郊区的农村集体所有的农用土地。初期的征用补偿和拆迁安置政策现在看来是难以理解的：补偿的仅为三至五年土地和农民住房的安置价，补偿的一是适龄人员招收为企业工人，二是迁往更远郊区的农民新区安置住宅。而几年后企业改制使大批招工的农民再次下岗失业，使得这些家庭雪上加霜。而形成鲜明对比的是，在后期的拆迁安置过程中，随着社会对失地农民关注度的提高，以及各地拆迁者在实践中学习讨价还价能力不断突飞猛进，近期被拆迁的农民获得的利益又数十倍高于其原有农业生产所得。一夜暴富成为城市居民眼红的对象。拆迁已被列为城市政府工作中的"天下第一难"。而即便如此，城市政府仍要继续拆迁，一是因为城市经济增长需要空间支撑，二是因为一路飙升的房价仍足以支撑高昂拆迁成本。

从上述城市化的表现中不难看出，改革开放以来中国城市发展背后的基本经济逻辑：改革开放之初的经济体制改革为推进城市化积累了基础动力，以商品住房为主力的城市房地产业为城市政府推进城市发展提供了最重要的经济平台，工业园区、大学园区、"CBD"建设以及拆迁安置行为，是城市政府推动城市房地产发展的重要手段，当然也是建设的目标之一。而这一切的实施从根本上说，是基于城市土地有偿使用制度的推行，尽管人们对当届政府在短期内用尽今后50～70年的土地收益的合法性提出质疑，但城市政府借此获得了城市开发的资金来源。

3. 技术进步

城市的建设与发展是人们生活世界的物质基础，而工业革命以来历次重大的科技进步构成了人们赖以生存的物质基础的重大变革。特别是改革开放以来，在我国经济社会发展大背景下，科技进步是现代城市建设的关键推动力量。这种巨大的推动力量与艺术的融合更是创造出新时代的物质产品和文化产品。且现代高科技辅之以经济实力，使现代城市以全新的面貌呈现在世人面前。

1）高科技与建筑技术的进步对城市景观的影响
十八世纪爆发工业革命以后，现代科技发展在建筑技术领域引起了巨大的变化。现代建筑与景观设计受到材料技术、加工技术、环境科学技术的影响，现代美学、现代艺术及其在建筑设计理论的深刻变革也使得凸显技术发展新趋势。国内外涌现出了大量高新技术在现代建筑设计与景观设计中运用的理论与实践，现代景观设计呈现出高技化趋势、生态化趋势、乡土化趋势、信息化和智能化趋势。高科技与新技术的引入产生了大量的新型城市建筑景观，但是由于忽视和切断新建筑和传统建筑的联系，被批判为"国际式"建筑，同各民族、各地区的原有建筑文化不能协调，破坏了原有的建筑环境。

2）小汽车时代的到来导致城市空间景观格局的重大变化
现代技术变革引发小汽车时代的来临，小汽车拥有量的快速增长造成了城市形态景观根本性的变化。随着机动化出行大幅攀升，城市空间快速向郊外蔓延，原来适应慢行的道路被拓宽到适应小汽车的快速通过要求，甚至宏观的城市空间格局都因适应快速的小汽车交通需要而设置。城市的空间因此尺度被迅速放大，传统的小尺度、单中心城市结构被打破，城市出现多中心发展趋势。

3）信息技术发展与信息网络与城市空间虚拟化趋势

通信技术与计算机技术的进步正深刻的改变着人类社会，改变着我们的城市。它们影响到城市的生活方式、城市空间功能、城市空间形态以及城市空间结构。信息网络对城市功能变迁的影响在于引发土地使用模式转型，导致城市内部边界模糊、功能实现方式虚拟化、土地使用兼容化和用地比例变化，最终将引起城市内部空间结构从传统圈层式走向网络化发展。

2.1.2 政府主导下的城市规划行为分析

1. 春寒料峭——专业视野下"城市规划的春天"

在改革开放的宏观经济社会背景下，我国在城市规划领域也呈现出一派欣欣向荣的"春天"景象，规划设计行业蓬勃发展。社会主义市场经济和土地有偿使用制度带来了新的问题与考验，轰轰烈烈的城市规划建设工作、复杂的矛盾与急剧的变革，亟待城市规划的理论与理念指导，因此开始了大规模对于国外先进城市规划领域知识、理论的借鉴与学习。

改革开放在整个社会向外打开了一扇窗口的同时，城市规划理论思潮从外界如潮水般涌入。一时间中国的城市规划受到了西方城市规划理论的极大影响与冲击，呈现出百花齐放、百家争鸣的态势。往往机械地将西方城市规划理论复制到中国，直接加以应用。例如，将西方机械主义和功能主义的规划思想用以指导城市空间的功能分区，把建筑与城市的内涵，机械的分割为功能与形式，推崇将城市划分为单一功能的二维地块以及方格网式道路系统。这种规划思想割裂了城市的基础文脉和肌理，断裂了城市空间载体与其文化内涵，因而导致城市空间与传统文化之间延续性的断层，最终也成为宏观城市景观格局日趋雷同的内在原因。

基于对城市面貌的不满和失落感，与城市规划理论与学术领域盲目引入西方文化的同时，城市的规划决策层、管理者们也受西方建筑审美的强烈影响。因而在城市中产生了大量的外国建筑形态与模仿西方城市景观。与此同时，作为城市景观重要缔造者——房地产开发商也显示出对西方文化的崇拜，这种崇拜甚至延续至今。在杭州，众多商品房楼盘以"欧陆风情"吸引客户，"地中海别墅"、"苏黎世小镇"、"威尼斯水城"、"戈雅公寓"，形形色色的西式建筑住宅群散布于在杭州的大街小巷、古城内外。

从规划理论到建设实践，从政府规划管理者到市民都感觉到无所适从，盲目接受西方规划理念与建筑审美的同时，对本土特色予以无情批判，忽略了对本土文化的继承与发扬。既没有在规划理论方面建树具有中国地域特色、符合我国社会文化基本特征的理念与方法体系，也没有在规划建设实践中对中国的传统文化、审美特色加以认识和足够的保护。

2. 经济发展的助推器

政府主导下的城市规划通常包括三个层次的含义：研究城市的发展、演变，追溯城市的历史文化，探寻城市的经济活动和社会生活状态的客观规律，并掌握城市地域空间的分布特征；研究并科学预测城市未来的发展趋势和走向、城市空间以及功能拓展及演化的可能性和方向、城市结构与功能布局的理想状态和空间资源配置的最优情况，也就是描绘城市的美好蓝图；对城市发展演变过程予以有效的控制和协调，具体对城市建设过程中的各种经济社会活动进行适时调节，以实现引导城市空间的有序、取向理想的目标而发展成长。

但是在当今中国城市的社会经济高速增长和城市化进程快速推进、城市之间竞争加剧的背景下，城市系统变得日益负载，影响城市运行的要素构成增多且相互作用密切而复杂、冲突激烈。政府主导城市规划的动机常常出于对经济增长和经济总量的高度热衷，对城市竞争力的执着追求。我国20多年的经济体制改革，一直以来所追求的目标偏向于效率优先，这在当前的政府考核机制上予以充分的体现。GDP增长速度是评判一届政府成绩优劣的核心指标和准则。尽管这种选择也是由社会经济发展背景所决定，却对于政府在主导城市规划行为上造成了偏差。因为在这样的标准与准则下，实现发展的效率就成了政府理应承担的职责，地方政府需要从本地需要促进快速发展。

在这种情况下，城市规划的作用被冠以了推动城市经济发展"增长机器"的职能。城市规划的编制不是以社会公共利益为优先，不是以人的基本需求为出发点，而是高度聚焦在城市发展的经济效益之上，甚至不惜以牺牲城市的社会效益和环境效益为代价。村村点火镇镇冒烟的村镇工业化、高强度高密度且规模巨大的城市住宅区、四处分散开发各种名目工业园区、开发区和所谓的高科技产业园区等都是较为典型的城市规划为经济发展服务的现象。

3. 经营城市与土地财政

我国的土地使用制度改革核心是土地资源市场化配置，伴随我国土地市场的建立，资源的配置方式不再完全依赖行政划拨。在土地出让收益分配中，地方政府成为最大的受益者，且土地出让金构成了地方政府财政收入的主要来源。这就是 20 世纪 80 年代以来经济体制改革和土地使用制度改革、1992 年中央地方政府分税制改革后土地市场的繁荣和城市开发和"经营城市"热兴起的原因。

经营城市就是在政府的调控和市场运作下，通过对城市土地资产的运作实现政府对城市建设的低投入、高产出。城市政府因此积聚了大量建设资金，城市环境得以在短期内有效改善，市民生活质量不断提高。但是经营城市和土地财政的负面影响也是日益凸显。例如，土地财政造成了国民收入分配的不公，城市通过征用周边集体土地，转而整理转化为城市建设用地，土地收入集中用于建设城市，导致了城乡差距的扩大；土地财政导致地方房价上涨、加重了中低收入市民住房问题等。在我国城市土地经营的热潮中，城市规划被视为经营城市最为有用的手段，指责为"圈地运动的工具"。国土资源部曾指出，很多城市规划超越规划用地范围，警告防止地方政府利用城市规划变相"圈地"。事实上在城市规划所谓"圈地"现象，是城市政府在我国当前土地使用制度、财政收入体制下自身利益诉求的行为体现。

4. 政绩工程的替罪羊

在政府考核机制下政府片面追求 GDP 增长速度、通过经营城市和经营土地来增加财政收入的基本动机相同，城市政府常常为追求任期内的成绩而脱离实际大搞"形象工程"、"政绩工程"。典型的现象如小城市的马路红线超过 100 米宽；豪华奢侈的行政中心、城市商务中心；超大规模的绿地广场等。

从城市规划的本质属性和基本职能上看，本应以实现合理安排城市空间、节约使用土地资源，并根据建设项目的轻重缓急来安排财政资金的投入使用。且在规划中规定了城市建设的各类标准，大中小城市绿地和广场的建设标准、道路的适宜宽度。当超宽马路、奢华行政中心、大规模绿地广场等这样的建设项目遭到社会的广泛抨击时，城市规划成为政府政绩工程的"替罪羊"。

从政府对于 GDP、财政收入和政绩的追求的行为表现，可以观察到我国当前城市政府执政绩效目标与城市规划本质内涵的冲突。从城市政府的角度，规划部门与城市政府下属其他部门一样，是城市政府执行机构之一。在城市政府的统一领导下，城市规划也必须为吸引投资、促进城市经济快速增长、改善城市形象以提升城市的竞争能力而服务。在此，城市规划被奉为"龙头"，并非因为城市政府认为自身及其所管辖的各部门应严格遵守城市规划的规定、约束自己的行为，而是因为规划在一定程度上是城市经济的"驱动力"。在目前我国土地严控政策下，有城市领导曾言"土地已经不是第一财政，规划才是第一财政"。事实表明，城市政府对城市规划的期望不只是城市空间资源的配置和管理，而是利用城市空间资源为城市经济发展筹款、设计城市空间形象、推销城市空间、借城市空间形象宣传政府政绩的多项功能[42]。或者说，城市政府对城市规划的职能定位不是基于社会公共利益为基本出发点的城市空间资源配置，而是基于通过城市空间资源配置权实现政府自身的目标。政府自身的目标如果与城市规划的目标不一致就造成了众多的矛盾现象凸显。

2.1.3 快速城市化过程中的接受美学特征及对城市景观的影响

从 20 世纪 80 年代开始到 21 世纪初期，面对快速城市化发展，国内很多城市为了保护老城历史风貌、解决旧城功能更新问题，同时适应城市发展的功能需要，普遍采取了"保老城、建新城"的空间拓展模式，在原有城区外围或周边兴建功能相对独立、完整的开发区、城市新区、大学城等，本书统称为新区或新城。在这一过程中，老城区由于高校、工业等用地搬离而获得了可更新土地以及重新整合城市空间的机会，新城区面对广阔的"未开垦"土地则取得了重塑城市空间形象的可能，城市景观重塑空间大大拓展。而反观当时的社会背景，20 世纪 80 年代初开始突如其来的人口返潮，打破了城市中一贯的发展步伐和中国城市化长期停滞不前的局面，城市突然变得应接不暇，而就业问题、交通问题、安居问题等社会、环境问题都几乎在同一时间涌入，让城市没有喘息之机，原本习以为常的生活节奏被彻底打乱，城市空间必须设法承载人口的急剧增加。以杭州为例，杭州从水网密布、富有江南特色的城市演变到今天的格局基本在 20 世纪 80、90 年代期间，二十年间，为了安置城市人口，兴建了一批住宅小区；为了缓解交通，将许多原有的小街末巷拓宽、填埋河道为交通干道，兴建了许多宾馆、百货商场等公共配套服务设施。自此，杭州的城市尺度在城市化的冲击下，为了解决城市问题而开始发生转变。如庆春路从原来的一条小巷变成了今天宽阔的马路、原来的浣纱河被填埋改成今天的浣纱路，一些街巷划分的传统街区被大规模城市居住区所取代……

同时，不可否认大众对城市文化和城市美学的认知程度、城市景观发展理念直接影响了城市形象整合与重塑的大体方向。而二十年间这种突发性、快速的城市化过程还带来了对传统文化的漠视和对西方文化的消化不良。正当城市对于解决快速城市化所带来的经济、社会和环境问题无所适从之时，改革开放、国门打开似乎让我们抓到了西方先进理论、先进生产方式这个救命稻草。来不及思考，来不及吸收，急功近利的心态下使得各地均对西方文化产生了盲目崇拜。无论是城市管理者还是普通大众，都将追求西方式的现代化作为目标、将西方式的审美文化作为评价城市审美的标杆，认为宽阔的街道和林立的高楼大厦就代表着现代化，无人真正问津西方发达国家"现代化"表皮下隐含的城市发展动力机制是什么，这些高楼大厦建起后又如何使用等实际问题。在这种浮躁的社会环境背景下，东方传统文化因为长期的停滞不前而面临着迅速被西方文化所吞噬之势，在城市中很多传统街区被认为是生活品质差、无保留价值的地区而拆除重建，城市热衷于兴建大广场、大绿地、宽马路，开发商偏爱于钢筋混凝土搭建的高楼大厦、玻璃幕墙，规划师乐于勾勒尺度恢宏的宏伟蓝图，建筑师总希望设计的作品标新立异、技术创新，城市在迈向"现代化"的过程中，要么屈从于功能和经济性、要么单纯追求建筑或城市形象的思想利剑所驱使，逐渐丧失特色、走向趋同。

　　显而易见，当前国内出现的城市景观趋同、"千城一面"现象恰好印证了绝大部分人的审美取向，在我们终于有了迈向"现代化"的资本、空间和机遇时，舶来于西方的景观美学成为指导城市空间风貌最直接、有效的审美工具和城市空间景观研究工具，精神文化认知的趋同是城市景观趋同的最根本原因。因此本书认为，若要改变城市趋同、特色丧失的问题，关键需要以大众文化审美价值重塑为切入点，引导城市景观意象得到新生。

　　另一方面，以当前的社会文化背景看景观美学价值和城市文化精神重塑问题，我们会发现东方传统审美价值和西方理性审美方式在当今社会的叠合重生。作为近代工业社会和古代农业社会的不同主体，近代意义上的知识分子在思维方式、学术内涵、研究方法等方面和传统知识分子具有根本意义上的不同，这在某种意义上反映了中西不同文化的差别。中国古代形成了一套自成体系的古典知识系统，它长于综合，强调事物的整体性、人的情感依附性和自然的至高无上性。而近现代知识系统则以西方古典文化重视分析、归纳、逻辑和概念运用的基础上发展而来，进一步强化了科学实证和推理，并把一切可知和未知的领域均纳入到数字化、标准化和程序化的轨道。这种认知和价值系统的不同反映到审美领域，表现为西方基于认识论与规律性的理性审美和中国人基于体验论与情感交流互动的感性审美的对比。然而，为了适应近代工业社会发展的需要，转型时期的中国知识分子也开始运用西方的观念来梳理自己的专业知识，引进西方的学术系统、科学方法和数理模式，由此，整个社会在世界观、方法论和审美方式上都一步步发生了嬗变。直到今天，再回顾和思考这个发展过程，可以发现整个民族文化心理和审美标准的改变是非常巨大的。面对来自于西方审美法则的渗透，现代中国的审美取向可谓更加多元而具有不确定性，一方面对西方的审美方式采用拿来主义，如对凯文·林奇提出的感知城市"五要素"理论的推崇；另一方面受到中国传统文化知识体系熏陶、并根植于中国人骨髓之内的古典文化并未完全抛弃，只是原来架构清晰的中国文化、诗词歌赋已经转化为朦胧的意境体验和联想，而平远、高远和深远、含而遮羞的景观意境仍然能够被当代大部分人所接受。

中国古代传统的审美标准、价值取向、世界观衍生并推进了杭州西湖文化景观和城市的发展。然而在今天，面对审美标准的转型，城市的未来发展又将何去何从？如何以发展的眼光、文化的视角来看待城市景观？值得深入研究与探讨。

面对快速城市化背景下的城市空间结构转变，只有坚定不移的抓住"地域文化特色"这一主线，才能不会在必然的城市发展转变中迷失，走向千城一面。杭州从 20 世纪 90 年代后期开始，随着城市大规模旧城改造基本完成，行政区划调整到位后，老城空间压力得到释放，城市发展便由城市规模型扩张转向内涵品质提升。特别是 21 世纪以来在城市意象重构方面开展了大量工作，并主要从宏观、中观和微观三个层面入手，做到维持杭州既有的城市特色，尽量避免景观趋同。即在宏观层面注重新时期杭州城市文化个性的挖掘、弘扬和延续，注重对城市整体意象和风貌特色，历史城区形象和新区城市意象的综合把控；中观层面主要以水网绿脉、道路街巷网络为依托带动城市内部空间尺度、色彩、街区风貌的整体提升；微观层面则注重对重要建筑、城市主要街道和广场等城市空间节点的风貌控制，三者相辅相成、逐层推进。

2.1.4 小 结

改革开放以后，我国进入了快速城市化时期。在这一时间阶段，城市空间景观发展演变呈现新的发展趋势和特征。为在后续章节中深入分析杭州市在这一阶段的演变情况，本章从宏观大背景出发，深层次辨析经济社会发展在这一时期对城市景观的影响以及从政府规划行为角度阐释了规划思想的变革以及对城市景观带来的直接作用。

首先，改革开放经济、技术、信息快速发展、国门打开，人们对于城市景观面貌求新求变，城市形象的改变也成为政府政绩体现的首要指标之一。然而对于城市文化与景观的认知却呈现一种盲目的状态，大量西方规划建设理论思想的涌入使我国城市建设领域对本土文化认知一时迷失，欣欣向荣的城市规划建设背后缺少文化的支撑。

在政府的规划行为方面，迎来的"城市规划的春天"，然而西方规划理念、思想方法的直接拿来，却割裂了城市的基础文脉和肌理，断裂了城市空间载体与其文化内涵，因而导致城市空间与传统文化之间延续性的断层，最终也成为宏观城市景观格局与微观形象日趋雷同的内在原因。

在经济发展主导的城市社会发展环境下，政府的职能凸显在助推经济，城市规划也无不为实现城市快速增长提供目标、方案和策略，冠以"增长机器"的职能。土地使用制度改革、分税制改革更是促使城市规划成为经营城市、实现土地财政的有用工具。在政府考核机制下，GDP 增长目标、财政收入的增加、政绩的表现等制度因素，赋予城市规划以更高的使命，在此也驱使城市景观演变，出现大规模行政中心、大绿地广场形形色色的形象工程。

从接受美学、精神文化的层面看，国内出现的城市景观趋同、"千城一面"现象恰好印证了绝大部分人的审美取向，在我们终于有了迈向"现代化"的资本、空间和机遇时，舶来于西方的景观美学成为指导城市空间风貌最直接、有效的审美工具和城市空间景观研究工具，精神文化认知的趋同是城市景观趋同的最根本原因。

2.2 快速城市化进程中杭州城市形态演变与景观损伤

2.2.1 空间规模的膨胀与边界的模糊（景观地理学）

1. "手状"城市形态

改革开放以后，杭州城市经济突飞，城市规模迅速扩大。20世纪 80 年代到 20 世纪末的 20 年是杭州历史上社会生活和城市经济发展最快的时期，也是杭州城市形态和景观格局发生根本性变化的时期。在这一时期，改革开放和实现全面现代化的基本国策使得杭州城市快速摆脱缓慢发展的历史节奏，开始了全面发展的历史进程。杭州在这 20 年间基本实现城市空间环境从农业型的历史遗存向符合工业化发展需要的现代化转型。这一转型包括对历史形成的核心城区的现代化更新改造（集中在上城和下城两个城区）以及将建设格局跨越核心城区向周边的三大城区渗透（江干、拱墅、西湖三区）两个阶段。

改革开放初期，西湖优美的风景旅游资源和良好的生态环境使得其周边地域对城市开发具有了强烈的吸引力，成为这一时期城市发展的主要用地。到 20 世纪末，西湖西北面及沿湖空地基本上被填满，环湖地带建设强度不断增加。

20 世纪 80 年代中后期制造业不断发展，城市功能以工业生产和商业服务为主，这个时期内新征土地主要以工业和房地产开发为主。1980 年以前的杭州城市形态类似"手状"形态。城市建成区集中连片的部分形似"手掌"，而"手指"则分别是沿重要交通干线两侧和钱塘江北岸布局的城市建设用地。1982 ～ 1989 年间，城市空间扩展的方式实际上是依托原建成区向四周蔓延和沿干道的轴向扩张，使得"指状"形态逐渐变粗，同时也填塞了指状的城市形态之间的楔形绿地（大多为蔬菜基地），新区与城区连接成片。特别是第二轮杭州城市总体规划将沿主要对外交通线分布的临平、瓶窑、余杭、闲林埠、乔司、城厢、富阳 7 个城镇作为杭州市的卫星城镇，担负疏散市区人口和工业项目扩散作用，这样就展开了杭州城市空间向远郊城镇放射状发展的阶段。

2. "折扇状"城市形态

到 20 世纪 90 年代以后，杭州城市的生产服务性功能进一步增强，中心城区由城市混合中心向以第三产业为主的商业、金融、信息咨询、文化娱乐中心转变，城市建设以高层、多层开发为主，城市空间集约度提高。随着宏观经济过热，特别是房地产开发热的兴起，紧靠城市中心区的城西的居住用地迅猛发展，同时下沙新城和滨江新城的建设导致城市东部和城市南部的建设用地也快速发展，城市北部的工业用地转居住用地的改造也如火如荼的展开，到 1993 年杭州城市形态已经演化成"折扇状"。同时，边缘区大量农村土地被征用，承担外迁的城区人口和企业，城区原有的其他功能向边缘区扩散。

3. "摊大饼"城市形态

2002 年余杭、萧山和杭州三地合并，使得杭州城市的发展摆脱了地域边界的束缚，开启了以杭州、萧山、余杭三地联动，地域面积由683平方公里拓展为3068平方公里的大都市杭州的新的发展纪元。但同时我们也看到，2000～2003年间，杭州的城市形态增长基本上处于放任自流的状态，从而造成"摊大饼"式的城市形态格局，无主导方向性。由于更新与建设的快速进行、观念的滞后和对城市空间发展资源认识上的不足，城市空间环境形象遗留下了许多问题和遗憾。

城市交通设施的改善，内外绕城高速公路的建设，大量城市外围高等级道路的修建，钱江大桥的建设，这些都改变了城市外围地区到城市中心的通勤关系，从时间概念上拓展了城市建成区的范围，直接导致很多以前被认为是郊区的地域发展量剧增。只要是城市边缘区的可建设用地都成为了城市优先发展的地区。这与杭州城市总体规划的"东进、南扩"目标相违背，并实际上导致了城市的无序扩张。

4. 山、水、城空间关系的改变

经过20年的快速城市化发展，杭州自古以来的"山、水、城"传统空间关系发生了若干深刻的变化：

1) 以西湖为核心的风景名胜区不再毗邻城市建成区而是成为城市中心区的一部分，特别是西湖的区位更是与核心主城区交织在一起，这一时期中，西湖受到城市景观的负面影响最大。

2) 原来分布在城市外围或边缘的山地水域自然景观开始成为城市空间的组成部分。

3) 随着钱塘江对城市发展的主导作用逐渐加强。主城区与萧山副城区隔江呼应，城市以钱塘江为景观轴，向南大规模拓展，由城市生成—山林城市—水乡城市—江湖之间—江湖城市—大山水城市这六个阶段延伸出了跨钱塘江发展的"跨江城市"空间格局。

4) 由于城市空间蔓延和连绵的随机生长，在杭州城市的边界地带，城市功能和空间构形往往具有很不确定的变化能力和非稳态，其自身的复杂性质和特殊的区位特点决定了其人口混杂性、经济混杂性和景观混杂性，导致城市形态发展的边界模糊性。同时，城市边缘区商品住宅以低层和多层为主的开发，也加剧了城市空间的低密度蔓延，造成大量土地资源浪费和城市非建设用地持续减少（图2-1）。

杭州传统"山水城市"格局的变化，一方面是由城市快速发展的现实需求造成，另一方面，也与时代递进下中国美学思想的演变密不可分。工业化与城市化进程的不断扩张，使得当代人的审美意识、艺术经验、自由体验与审美活动发生了巨大的变化。
融合了山水美学和儒家礼制的传统城市美学的价值地位不复存
在。都市化进程不仅对当代美学提出了许多前所未有的新问题，
同时也提供了一种与古典美学在范畴、趣味、审美理想等方面完
全不同的审美对象。快速城市化进程之下，急需形成与时俱进的
当代美学思想，以期为当代人提供一种科学的方法、观念、理论
与解释框架，来整理他们在都市化进程中混乱的内在生命体验与
杂乱的外在审美经验。

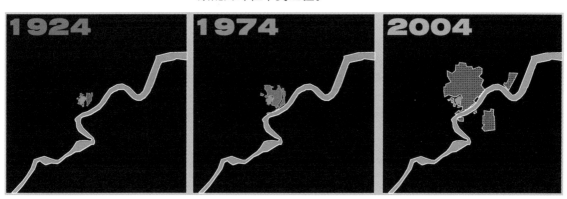

图 2-1　城市用地变迁图

2.2.2　街道级配的失调与社区割裂

1. 传统街巷空间的剧变

　　快速城市化时期，随着杭州城市空间的迅速蔓延，老城更新
和新区建设加速进行，城市交通格局发生了很大变化。一方面，
杭州老城区街道密度不够，立交错综分布，交通流混杂，无法分
解主要道理的交通压力；另一方面，新建成区主要道路过于宽大，
尺度失衡，路网稀疏，应变能力脆弱，缺少分流能力强的支路系统。
街道级配的失调和道路等级的偏少造成了严重的城市交通问题。
　　而城市空间肌理需要城市路网作为支撑，路网系统的不合理
发展导致城市街巷空间缺乏层次，与丰富多样的城市老区在形态
结构上无法找到传承关系，造成城市形态肌理上的脉络关系断裂。
20 世纪 90 年代以来盛行的行列式、周边围合式的城市街区肌理
和方格网型的街区单元划分方式与老城市丰富多样的肌理特征缺
乏联动，空间形象上缺乏特色。
　　杭州老城区城市空间肌理较为连续、丰富，公共空间与私密
空间有机融合。这种肌理较多地反映出历史的传承痕迹，特别是
在历史街区，这种肌理保持得较为完好。老城区的结构形态，可
以称为是有机的网格系统，它是自然地形与理性规划相结合的产

物，是经过千百年的历史磨合传承下来的形式。而在我们城市建设的普遍方式是使用发达国家（主要是美国）那种简单机械而毫无变化的网格来改造千百年来由自然形式与先辈智慧结合的老城区结构形态。原有道路的有机格局被生硬地打破，街巷的宜人尺度不复存在，原本相当清晰的个性特征渐渐变得模糊。所有这些问题使得隐含在这一系统中的历史信息面临断裂的危险。

由于受到现代化交通方式的挑战，城市核心区传统街坊空间格局面临消失的危险。"见缝插针"、"填空式"的建设现象普遍，传统街区的空间环境肌理被蚕食和破坏的局面依然严重。

2. 传统社区的割裂

可以说，杭州古城的最后消亡是从 1979 年开始的。1979 年之后杭州新建建筑面积在 1.5 万平方米以上的居住小区有 47 处，规模较大的有朝晖小区、古荡小区、翠苑小区等。此时城市住宅业刚刚启动，受开发成本等因素的影响，小区大多建在老城边缘的农田和闲置土地上，这些住宅楼的层高也都在 8 层以下，对古城区的影响不大。

从 1986 年起，杭州市提出了住宅建设实行改造旧城与建设新区相结合，以改造旧城为主的方针。住宅建设进入了城市历史街区，先后开发了大学路、十五家园、松木场和江城路中段等地区。

随着 20 世纪 90 年代房地产热的兴起，杭州进行了大规模旧城改造和新区开发。1993 年，杭州市决定用 8 年时间基本完成市区旧城改造任务，旧城改造全面启动。从 1993 年起，每年拆除近 100 万平方米旧建筑，同时配套建设新住宅 120 万平方米，为了彻底摘掉"美丽的西湖，破烂的城市"这顶帽子，大量传统历史街区被推倒，一时间杭州市区大片大片的历史街区和传统民居群被写上了大大的拆字，随后即被拆除。原本居住在传统城市中心的各阶层的居民、尤其是中低收入家庭被迫迁往城市边缘的"经济适用住宅"小区，与原有街区共同延续已久的社会结构和生活方式发生断裂。他们的利益和感受被忽视和损害，对城市中心的多样化和活力也造成持续性的损伤。同时，政府出让的大块土地大多简单的交由同一开发商开发。这在一定程度上使得开发商在开发过程中所受到的限制与竞争较小，不利于街区复合功能的形成，也容易造成街区形态模式单一，不利于形成城市肌理与建筑形态的丰富多样。大量高档房地产楼盘的开发,高收入群体的"侵入"，使得城市中不同收入阶层相互隔离的趋势加剧，通勤距离的大大增加和私家车的涌入又带来新的交通压力和更多的空气污染，这一问题在老城区中有一定的表现，而在新城区中则表现的较为突出（图 2-2、图 2-3）。

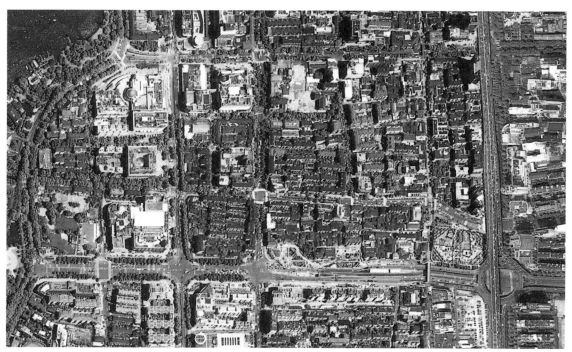

图 2-2　杭州湖滨老城区肌理图

图 2-3　杭州现代新区肌理图

2.2.3　水系绿地的破坏与生态恶化

1. 水网体系的破坏

在历史上杭州在南宋时达到人口集居的顶峰（《咸淳临安志》记有人口为 42.2 万）。但当时城郭四周的人口较城内密集，城中有南内、北内、龙翔、景灵等宫殿，再加西湖、清湖河、市河、盐桥河、崩山河、菜市河、贴沙河等水面调节，居住环境尚称适宜。目前，1980 年底仅就下城区范围人口已达 42.46 万，旧城的绿化空地不断被挤占，随着城市发展，生活及交通方式的改变，河流在现代生活中的地位和功能也发生了巨大的变化。为了满足交通的需求，填河造路，历史上河网系统已消失。

20 世纪 80 年代以来杭州城市"摊大饼"式的空间扩展方式，建成区向四周过度蔓延并蚕噬了郊区大量的绿带，使新区和城区连接成片，城市空间形态也由"指状"逐渐演化成饱满的"折扇状"。在这个过程中，城郊生态环境遭受较大破坏，特别是杭州的生态湿地。

杭州的湿地集中于城市的西部和北部地区，主要包括城市西部的西溪湿地和城市北部的仁和湿地、塘栖湿地，其中西溪湿地是与城市关系最密切的湿地，从行政管辖范围，可以划分为蒋村湿地、闲林湿地和五常湿地三大块。20 世纪末，随着商品房开发的热潮加剧，杭州城市不断西扩，城市居住区不断向西溪湿地推进，扩大至紫金港河以东地段。城市西部居住空间的大幅度扩展导致西溪湿地大面积缩减（从约 107km^2 减到约 20km^2）。闲林、五常一带的湿地功能开始退化，大片的芦苇、水网遭受破坏，其中最突出的表现是鸟类的原始栖息环境被破坏，许多鸟儿不得不离开这片原本美丽幸福的天堂。

2. 生态景观格局的转变

1996 ～ 2006 年间，快速城市化过程引发了杭州景观格局巨大的转变。在人为活动的强烈干扰下，杭州的城市景观格局已由 1996 年前的以农业景观为主逐步变成 2006 年的以人工景观为主，且景观格局动态呈现多样性和复杂性。期间，耕地景观受城市化的影响最为严重，由 46.55% 降至 23.91%，已经大规模、成片地被城市所吞并，呈现出其消亡前的特征；园地景观本身规模很小，人为干预对其斑块结构的影响不是非常明显；林地景观主要呈大面积斑块聚集分布，景观格局对人为干扰的响应不是很敏感；水体景观受人为活动的影响很大，10年间其面积比例的变化虽不明显，只从1996年的15.72%减少到2006年的15.20%，但在不同时段内的变化较大，水体面积不仅有大规模增加的过程，也经历了急剧减少的阶段。1996～2003年，由于淡水养殖的兴起，杭州的水体面积不断扩大，斑块数和斑块密度下降，平均斑块面积持续增加，水体以大块、连片的景观出现；2003～2006年，水体受到城市扩张的强烈影响，水体景观（尤其是养殖坑塘）大量成片消失。

城市化对城市市区环境景观的影响主要表现是建筑密度大、高层林立、交通拥挤、绿地减少。景观格局快速、显著的变化使得杭州市生态环境系统稳定性和城市可持续发展受到严峻挑战。城市蔓延对城市环境景观的影响主要有：

①生境脆弱土地的消失；②区域开阔土地的减少；③农田消失；④本地植被的消失；⑤景观的美学价值下降；⑥单一的居住视觉环境；⑦生态系统的破碎等。

2.2.4　建筑风貌的杂陈与空间挤压

自20世纪初杭州十古城门被拆，城防体系瓦解，至20世纪末，河坊街旧城改造工程的终止，在近一个世纪里，杭州已有70%的古城建筑格局和历史街区被拆毁，能展示"历史文化名城"和古都风貌的历史遗存已残留不多。

大体量、大尺度的多层、高层建筑出现于滨湖地区，钢筋水泥丛林严重冲撞了西湖美景，西湖景观从"三面云山一面城"即由高及低、由合而开、一泻千里的空间形态，变成了"三面云山一堵墙"，西湖成了一潭死水，缺少生机。

快速城市化时期，老城区建筑形态的失衡主要表现在老城区空间环境中的建筑形体相互缺少协调，建筑体量缺乏层次。形体间缺少联系，难以形成街道的气氛与性格；体量缺乏层次，则难以形成丰富的城市肌理。其中上城、下城为主的核心区建筑密度较大，由于更新开发的地块相对琐碎，造成建筑风格过于凌乱，城市形象的整体感较差。

当城市化进程的脚步加快时，收获了林立高楼的古城却遭受了"建设性破坏"，马可·波罗口中的"美丽之城"在不知不觉中逝去：旧城经过全面改造成片"剃光头"，湖滨地区过度开发，湖滨三公园东面硕大而丑陋的水泥块取代了原先小巧的庭院建筑，西湖美丽的"三面云山一面城"中的两个岬角已受到了"威胁"，杭州古城历史环境风貌的抢救性保护已刻不容缓，而同时，现代化大都市的发展亟须突破原有城市框架的束缚，保护历史文化名城和保持城市可持续发展相协调的良性互动成为亟待解决的关键课题。

2.2.5 小 结

快速城市化背景下杭州城市景观特征发生了巨大的变化。全球化时代的城市要素组织与残存的传统城市肌理并置的强烈反差，体现出杭州城市文化转型期的景观特征。

一是体现在城市文化生态经受着严重的破坏。原有的老城区严重限制了城市的发展和人民居住环境的改善，大规模的"拆旧建新"的改造与更新方式，几乎使城市的传统文化景观消失殆尽，导致全国许多城市的面貌几乎一致，建筑风格毫无地域特征，城市文化生态正遭受着严重的破坏。

二是城市的边缘文化识别和传承面临危机。随着城市的经济由市中心向乡村集镇逐步扩散，城市边缘显得相对落后。由于经济发展和过度开发，各式各样的城市高新技术开发区、大学城相继建立，城市边缘懵懵懂懂地走向了现代化、科技化，同时城市边缘的传统文化也在萎缩，直接导致自下而上的文化脉络被阻断。

三是对地域文化的寻求兴起一时，城市文化危机显现。当时全国建筑创作有很多派别，但此后随着房地产业的迅猛发展，建筑创作也"天下大同"了。许多城市内外逐渐被大块面积的商品房充斥着，一时间"巴黎风情"、"地中海"、"夏威夷"等各式的主题文化住宅小区兴起。康德说过："缺乏文化的城市生活是盲目的，脱离了城市生活的文化是空洞的"。这些空洞的文化名字背后隐藏的正是城市文化危机，它反映出人们对本土文化的不确定性和对城市文化发展的未知性。

四是城市面临魅力丧失的危险。杭州的城市魅力在于得天独厚的自然山水景观与江南都会的文化特质相交融。城市空间景观的同质化倾向、城市形象特征的丧失，对杭州老城区而言，可能是最严重的问题。它改变了千百年来形成的山、水、城空间关系和传统的街巷格局。旧城区白墙黛瓦的建筑、尺度宜人的街道、合理的里弄布局、江南水乡的河网拱桥，被大量的高层建筑、多车道的宽阔马路、穿城而过的高架桥所替代，城市原有的格局被切割得支离破碎，盲目的追求现代化、国际化，使得城区内的建筑与其他城市并无区别，陷入了城市魅力丧失的危险之中。

五是城市景观的趋同与千城一面的困境。20 世纪 80 年代以来，中国的城市化迅速发展，大规模的旧城改造、新区开发等城市建设迅速展开，出现了城市的破坏现象。由于现代建筑具有广泛的适应性、建造技术和建造材料的趋同、人们生活方式的趋同，城市化对城市景观最严重的影响是城市特色的消失，城市面貌日趋千篇一律，城市文脉得不到继承和发展，人文环境受到破坏。这些破坏现象表现在：一方面，城市原有的古老建筑不分好坏，一律推倒重建，而新建建筑盲目追求现代风格，追求潮流并相互模仿，城市景观建设呈现出千篇一律的对于西方现代景观形态的模仿与速成，无法同原有建筑和谐统一，破坏了城市景观的整体协调性，丧失了自己的特色与个性，变成千城一面。另一方面，受怀旧思潮的影响，规划设计者在城市的景观设计中采取"复古"手段，简单划一地采用"江南建筑"或"明清建筑"等的雷同手法进行土洋结合，制造"仿古一条街"的假古董，成为当前严重的"保护性"破坏问题，严重威胁着城市文化和环境特色。

第**3**章

疗伤的杭州
（21世纪以
来）——警醒
与补救

第 3 章
疗伤的杭州（21 世纪以来）——警醒与补救

3.1 景观特色、城市精神的失落与补救

3.1.1 从景观特色的失落到城市精神的失落

1. 市民的失落

全球化时代的大背景，导致杭州市也无例外地处于城市"文化失落"的危机之中。城市景观的地域特征与文化的多元性不断丧失。信息时代网络的普及缩小了地域空间的距离，增强了文化的交流与融合度。多元文化的交流中，"拿来主义"急于求成的思想使我们丧失城市文化根基。

对城市"自我"特色丧失的感知，首先来自于生活在城市中的市民的情感感受。自改革开放以来，杭州市历经了古城的消亡、大规模的旧城改造、新式居住小区的集中成片开发过程。

1983 年杭州市被公布为国家及历史文化名城，但十多年来名城的特色保护并未得到应有的重视。大规模的旧城改造工程如拓宽道路、改造中河和东河工程不断改变城市景观格局，造成了城市面貌的雷同化和通俗化。

20 世纪 70 年代末期，杭州市与其他许多大中型城市一样，启动了城市住宅产业的发展之路，借鉴西方的小区规划设计思想，规划设计并实施了相当一批在当时看来的新式住宅小区。规模较大的如朝晖小区、古荡小区、翠苑小区等。住宅小区在初始建设时期多选取老城区边缘或外围的控制土地，而在后续则与旧城改造相结合，如大学路、松木场、东园、武林路等地段。

就这样，为摘掉"美丽的西湖、破烂的城市"的称谓，杭州人努力改造杭州市城市面貌，在大规模的旧城改造中，窄街陋巷拓宽成了宽阔的马路，淤积的河道被填埋，整齐清洁风格相近的住宅小区替代了低矮破败的民宅，也不乏多种现代风格的高层建筑一幢幢矗立在西湖边。

此时市民们发现，心目中的杭州印象越来越模糊了，林立的高楼、宽敞的马路、气派的广场、新式的住宅并没有给杭州人带来自豪与骄傲和对家园的认知感，杭州市在高速发展的过程中失

落了"自我"。

2. 游客的失落

在快速的城市建设带来市民情感失落的同时，杭州市的发展变化也同样带给游客们以"失落"的感受。

城市空间的拓展、现代化大都市突破的原来狭小的古城空间框架，旧城区的更新改造使杭州收获了大量林立的高层建筑，却失去了历史文化的传统特色风貌，旧城区一片片地被推土机推平，湖滨地区也被过度开发。湖滨三个公园建设了大尺度的水泥建筑，取代了原先小巧玲珑的庭院式建筑。城市更新中大量的历史街区被拆除，幸而在社会各界人士的不懈呼吁下，清河坊历史街区得以免于被拆除的命运，并在杭州市政府的组织性进行了历史风貌保护区的保护和修缮工作。

杭州市以自然山水和人文景观完美有机的融合而著名。城市中的湖水、山林展示四季交替的各种表情，山水中的园林、寺庙、经典的"西湖十景"则构成了游客们最为熟知的特色景观资源。与风景资源相对独立与城市建设区之外的城市不同，作为自然风景与城市紧密结合的城市，杭州市风景与城市建筑的空间关系异常敏感。城市新建建筑极易侵入到原本自然和谐的风景空间之中，因此较为严格地进行景观资源周边的空间控制，就会导致城市可建设空间的减少。而杭州市处在建设需求量快速增长时期，城市开发力很强，西湖景区不断受到威胁。如莫干山路以西是整片的高新技术开发区用地，急需建设高层的现代化建筑，类似的高层建筑从宝石山、吴山西湖自然景观特征山体轮廓线后突出就造成了西湖景区内景观层次的混乱，对西湖周边优美的山脊线构成了威胁。西湖东岸地区的高层建筑更是大有压过两侧山体的透视高度的视觉感受，形成了巨大了建筑簇群，这些大型建筑组成的簇群极易构成对西湖景观的破坏。

杭州市"景市合一"的独特特征使城市的建设对景观资源直接构成损害，而在游客眼中最代表杭州市特色的景致和风貌就更容易受到干预和影响，杭州市城市的日益"现代化"、"国际化"却使游客心目中的杭州失去了原本宁静、雅致、含蓄的城市性格。

3. 城市精神的失落

以人为中心的城市空间环境景观是城市精神本质的外在化表征。城市的居民以及慕名而来的游客对于城市景观的失落感也直接反应出城市精神与城市文化的失落。

城市的精神是城市市民共同的价值观、共有的精神财富，是城市文化的核心和城市品牌的核心。杭州拥有着悠久历史和灿烂文化的古都有良渚文化、吴越文化、南宋文化等深厚的历史积淀。作为风景旅游城市，自然景观得天独厚，山水文化向城市延伸与城市人文景观交相辉映。精致和谐的人文特色造就了杭州城市的景致，造就了西湖景观、园林建筑的精美。这种人文特色又融汇于山水特色之中，天人合一、三面云山一面城的山水城市给人们以开放、和谐的感受。

城市精神的迷失往往由于当代人对于城市文化价值与资源潜在价值的认识不足，在城市规划建设实践过程中表现为急于求成、求新求异、追求物质空间的利益，轻视人的文化价值需求，造成传统文化价值的失落、土地空间资源的消耗、生态环境的破坏，城市形象也变得世俗化。重新塑造一个城市的景观价值，从根源上必须寻回城市的精神内核所在，找到城市社会中人的共同价值、共同的理想和追求，强化这种城市精神直接关系到一个城市在全球化的浪潮中竞争优势与发展潜力，认识、发掘、进而弘扬城市精神对当代杭州塑造独特的城市个性具有极其重要的意义。

3.1.2 警醒与补救：重现城市昔日风采的努力

1. 城市的性质定位与城市品牌

"东南形胜，三吴都会，钱塘自古繁华"。杭州是千余年来"以泽沃衍，有海路之饶；珍异所聚，政商贾并奏"的东南沿海大郡。有着四千多年历史的杭州，在她的历史发展过程中，既有经历了从地方性的城市演变为全国性的中心城市的辉煌时期，也有经历了城市逐渐衰落、影响力渐减的曲折过程。而今正面临重新崛起，迈向成长为未来区域中心城市的新机遇。

1）新世纪以来杭州市城市性质的发展

2001 年 3 月，经国务院、浙江省人民政府批准，杭州市扩大市区行政区域，将原萧山市、余杭区全建制纳入杭州市区，设置萧山区、余杭区。在经济总量、用地面积、人口规模方面，成为长江三角洲地区仅次于上海的第二大都市。行政区划方面大手笔的变化足以见得国家和浙江省对杭州市未来寄予的厚望——要求她以更大的力量带动更广阔的区域的经济发展和社会进步，而且有足够的能力与活力参与世界城市的竞争。2007 年国务院批复的

《杭州市城市总体规划（2001～2020年）》将杭州市性质确定为"浙江省省会和经济、文化、科教中心，长江三角洲中心城市之一，国家历史文化名城和重要的风景旅游城市"。

2007年杭州市在十届二次全体（扩大）会议上进一步明确杭州在长三角地区的战略定位为"一城七中心"。国家把长三角率先发展提升到国家战略层面并明确提出把长三角地区打造成具有较强国际竞争力的世界级城市群的大背景下，杭州与时俱进，审时度势，实现城市定位的连续性和开拓性的统一，按照"我国综合实力最强的区域、亚太地区重要的国际门户、全球重要的先进制造业基地、具有较强国际竞争力的世界级城市群、率先实现现代化和构建社会主义和谐社会的区域"这一长三角区域总体目标定位，立足杭州的特色和优势，进一步明确杭州在长三角地区的战略定位，打造"一城、七中心"。

"一城"，就是"生活品质之城"。这是杭州的奋斗目标、城市品牌，也是杭州最高层面、最为准确的城市定位。"七中心"，就是国际旅游休闲中心、全国文化创意产业中心、长三角创新创业中心、长三角综合交通物流中心、长三角先进制造业中心、长三角现代服务业中心、浙江省经济文化科教中心。

杭州旅游资源丰富，旅游设施齐全，又拥有"东方休闲之都"、"中国最佳旅游城市"等响亮品牌，旅游业已成为杭州名副其实的支柱产业，成为杭州最具差异性的比较优势和核心竞争力，完全有条件打造以观光旅游、文化体验、会展交流、休闲度假为特色的国际旅游休闲中心。杭州环境优越、人杰地灵，是全国文化体制综合改革试点城市，软件设计、数字电视、动漫、网络游戏等新兴文化创意产业发展势头良好，"动漫之都"品牌初步打响，又拥有"精致和谐、大气开放"的人文背景，是发展文化创意产业的"风水宝地"，完全有条件打造以文化、创业、环境高度融合为特色的全国文化创意产业中心。杭州市场导向改革起步早、推进快，民营企业数量多、实力强，块状经济创新发展，"和谐创业"蔚然成风，"敢为人先、敢冒风险、敢争一流、宽容失败"的杭州创新创业文化深入人心，已成为"浙江民营经济第一大市"，完全有条件成为长三角民营经济发展的先行区、民营经济总部的集聚区，打造以知识资本化、创业个人化、产业集群化为特色的长三角创新创业中心。杭州是长三角三大综合运输枢纽之一，也是沪杭、杭甬、杭湖宁三大综合运输通道和沪宁（沪）杭、沿杭州湾、杭湖宁3条发展带的重要节点城市，公、铁、水、空交通设施完善，现代物流产业基础较好，随着"一绕十射"高速路网的形成，随着东站综合交通枢纽、萧山国际机场二期、运河二通道、沪杭高速铁路、沪杭磁悬浮、杭宁和杭甬高速铁路客运专线等一大批重大交通项目的实施，杭州完全有条件打造以公路、铁路、水路、航空、城际轨道等多种交通工具全面对接为特色的长三角综合交通物流中心。杭州地处环杭州湾先进制造业基地的核心区，高新技术产业发展势头良好，新型重化工业基础较好，传统支柱产业优势明显，已成为名副其实的工业大市，随着"三位一体"方针的落实，随着江东、临江、钱江、余杭等省级开发区（园区）的开发建设，杭州工业发展后劲将进一步增强，完全有条件成为长三角作为全球重要的先进制造业基地的有机组成部分，打造以集约化、国际化、生态化为特色的长三角先进制造业中心。杭州发展生产性服务业和生活性服务业都有着得天独厚的优势，大旅游产业、文化创意产业、金融服务业、商贸与物流业、信息服务与软件业、中介服务业、房地产业、社区服务业等八大门类现代服务业发展快、基础实、前景好，完全有条件打造以高增值、强辐射、广就业为特色的长三角现代服务业中心。杭州集聚了全省一半以上高等院校、科研院所，拥有浙江大学、中国美院等一批知名高等学府，在杭高校在校全日制大学生人数达 38 万人，科技、教育、文化人才集聚，又是国家历史文化名城，完全有条件打造浙江省经济文化科教中心。

2）杭州市城市品牌

城市的品牌是城市的一种无形资源，是城市文化城市精神的精华体现。每个拥有独特魅力城市都有特属于自己的"金名片"，如"时尚之都"巴黎、"动感之都"香港、"音乐之都"维也纳、"梦幻之都"斯德哥尔摩等知名城市。新世纪以来，杭州市曾获得联合国人居奖、国际花园城市、中国最佳旅游城市和东方休闲之都等称号，2007 年杭州市将"生活品质之城"作为最高层面的城市定位和城市品牌以及今后发展的奋斗目标。

"生活品质之城"的城市品牌从杭州市城市整体特色和综合优势出发，是城市发展的总体目标，也是杭州"人间天堂"美誉在新的历史时期的延伸、充实和重新演绎，集中体现杭州和谐、大气、开放的人文精神。"生活品质之城"的品牌定位从人们的日常的、根本的需求角度审视城市发展，把城市发展放到一个现实而又终极的意义上把握，使城市与市民紧紧联系在一起，使经济社会发展与市民日常生活紧紧联系在一起。2006 年，杭州市委市政府确定把"生活品质之城"作为杭州的城市品牌，2008 年更作为杭州的城市定位，2011 年进一步提出了建设"东方品质之城、幸福和谐杭州"的发展目标。生活品质表示人们生活的品位和质量，包括经济生活品质、文化生活品质、政治生活品质、社会生活品质、环境生活品质"五大品质"。它体现了"以人为本、以民为先"的发展理念。提高生活品质既是每个杭州市民的当下愿望、日常需求，又是杭州发展的根本出发点和根本目标，也体现了杭州城市发展的整体特色。

2. 一主三副六组团和六条生态带（山水城市格局）

1）城市总体规划奠定山水城市格局大框架

2007年获国务院批复的《杭州市城市总体规划》正式提出了"一主三副六组团、双心双轴六大生态带"的山水格局大框架。《总规》明确指出，从以旧城为核心的团块状布局，转变为以钱塘江为轴线的跨江、沿江，网络化组团式布局。采用点轴结合的拓展方式，组团之间保留必要的绿色生态开敞空间，形成"掌型"城市空间布局形态。形成"一主三副、双心双轴、六大组团、六条生态带"开放式空间布局结构。多核组团式布局形态，有利于城市用地功能在更大的空间进行合理地布局，可充分利用钱塘江自然资源，有利于沿江景观的开发，促使城市经济的发展，有利于疏解主城的工业和人口，有利于交通组织及城市综合效益的提高；有利于风景旅游城市的建设和历史文化名城的保护，保持良好的城市生态环境。

"一主三副六组团"开放式城市布局体现了城市空间形态的多元性与整体性相统一；体现了产业形态的专业性与互补性相统一；体现了生活形态的特色性与多样性相统一；体现了文化形态的传承性与创新性相统一；体现了自然形态的保护与利用相统一；体现了新城建设的超前性与时序性相统一。

坚持多中心开放式布局，突出杭州大都市的整体特色，强化各个区块特色功能和个性特征，促进各个区块特色的互补与协调，形成特色鲜明、功能各异、多样和谐的城市格局。主要表现在以下几方面。主城按照"两疏散、三集中"的总体要求，依托各个区块的特色优势，加快疏散传统生产功能，强化游憩休闲、文化创意、技术创新、生态人居等服务功能，实现主城区功能空间的重组、分化、再聚集、再创造。三个副城是指江南城、临平城、下沙城三大副中心，它们作为主城人口和部分市级功能转移的接纳地，重点承担主城生产、居住和高教功能分流，成为集现代制造业基地、出口基地、高教园区、物流园区、商务居住区为一体的现代化新城区。六个组团是杭州中心城市的卫星城，包括义蓬、瓜沥、临浦、塘栖、余杭和良渚六个组团，重点增强为主城和副城配套服务的功能，承接主城和副城的人口疏散和产业转移。

2）六条生态带与"双网并构"的绿地系统格局

六条生态带范围涉及杭州市区（含萧山区、余杭区，下同）和上游钱塘江水源保护区，即西北部生态带、西南部生态带、南部生态带、东南部生态带、东部生态带和北部生态带，规划总面积 2183.71 平方公里。

生态带是杭州市区及城市生态网络系统的构成骨架，是以生态服务和控制功能为主体的城市生态基础设施。针对生态带的用地条件与主体功能，将生态带用地划定为禁建区、限建区和适建区 3 类用地。生态带的总体空间框架结构在区域空间尺度上划分为两个圈层结构，即城郊过渡生态圈层与远郊外围生态圈层。

以创建"生态城市"和"森林城市"为总体目标,在"环境立市"的指导下，为实现"让城市融入森林，让森林拥抱城市"的总体构想，构筑生态化、系统化、人文化的绿地系统，杭州市绿地系统规划明确了具有杭州特色的"生态包围、楔形渗入、五水共依、双网并构"绿地系统空间布局。

3. 西湖、运河及南宋皇城（历史文化）

1）西湖的保护

"杭州西湖文化景观"（以下简称"西湖景观"）肇始于 9 世纪、成形于 13 世纪、兴盛于 18 世纪，是中国历代文化精英秉承"天人合一"哲理，在深厚的中国古典文学、绘画美学、造园艺术和技巧传统背景下，持续性创造的"中国山水美学"景观设计最经典作品。它在 10 多个世纪的持续演变中日臻完善，并真实、完整地保存至今，成为景观元素特别丰富、设计手法极为独特、历史发展特别悠久、文化含量特别厚重的"东方文化名湖"，是独具一格的文化景观（图 3-1、图 3-2）。

1982 年"杭州西湖"由中华人民共和国国务院审定公布为中国第一批国家级风景名胜区；1983 年 9 月，成立杭州市园林文物管理局；进入新世纪，萧山、余杭的撤市设区，使市区面积扩大到 3068 平方公里，为西湖的综合保护创造了千载难逢的机遇。2002 年，杭州市政府为加强和协调风景名胜区范围内的遗产保护与社会发展，专门设立了拥有政府权属的管理机构"杭州西湖风景名胜区管理委员会"，对 59.04 平方公里范围实施统一管理；同时对景区周边 39.65 平方公里的外围保护地带实施控制性管理。

自 2002 年起，在历任市委、市政府的领导下，杭州连续十年实施"西湖综合保护工程"。保护工程提出了围绕"申遗"，坚持积极保护思路，在充分展现西湖原有风貌和特色的基础上，形

图 3-1　西湖景观

成"东热南旺西幽北雅中靓"的西湖新格局，把西湖风景名胜区打造成为自然景观优美、人文景观丰富、服务设施一流、交通便捷通畅、环境整洁卫生、管理科学合理的世界级旅游景区，成为世界文化遗产的奋斗目标。

西湖综保规划的总体思想是积极保护、淡妆浓抹、三水贯通、突出文化。

（1）积极保护：西湖作为生态环境与文态环境高度和谐、完美融合的历史遗产典范，在世界上也是屈指可数。要本着应保尽保的态度，对西湖风景名胜区内的所有生态环境、自然景观、人文景观、文物古迹、民居村落等，不惜一切代价予以保护，当好保护西湖的"薪火传人"，让这一人类共同财富永远可持续利用。同时，不要把保护与发展对立起来，要坚持与时俱进，用改革的思路、创新的意识，把保护与城乡结构调整、产业结构调整结合起来，与环境综合整治、交通路网改善结合起来，不断开拓保护与发展"双赢"的新路子，最终实现生态效益、环境效益、经济

图 3-2　西湖景观

效益和社会效益的统一。

（2）淡妆浓抹：强化"不出城廓获山水之趣，身居闹市有林泉之致"的城市特性，严格控制湖边建筑的天际轮廓线、建筑的高度、体量、造型、层次、色彩等，做到与湖光山色相协调，保持"三面云山一面城"的老城区格局。

（3）三水贯通：对西湖实行综合保护，不是简单地就西湖论西湖，而是要立足于西湖、运河和钱塘江"三水共导"、"三水贯通"，彻底改变西湖及老城区的水质和水环境，重现江南水乡生态城市风貌。

（4）突出文化：在规划上要求注重文化导向、注重整体文化氛围、更要注重历史细节和文明碎片，不仅要重视风景名胜的文化内涵、更要注意景区内外商业环境的文化特色，加大文化资源的整合力度，做到山水与人文完美结合、天然与人工精致和谐，保持西湖文化序列完整、特色鲜明，使人们在领略湖光山色、如画风景中体味独特的文化气息，在抒发怀古之情、兴亡之叹中感受扑面的风景魅力。

西湖综保工程涵盖湖滨旅游特色街区、环湖南线景区整合、湖西综合保护、北山路保护与改造、湖中"三堤三岛"整治恢复五大工程。通过连续实施十年来的西湖综合保护工程，累计拆除违章违法建筑以及没有保留价值的建筑面积60万平方米，恢复水面0.9平方公里；环西湖沿线全线贯通，环湖公园景点和博物馆全部免费开放，充分体现了"还湖于民"；实现西湖水"一月一换"，水质得到了全面改善；景区公共绿地新增100多万平方米，原有生物种群、结构及其功能特征得到保护，自然生态得到修复；与此同时，西湖综保始终注重历史文化资源的挖掘和利用，坚持真实性与完整性的原则，恢复、重建、修缮了180余处人文景点，与历代形成的西湖十景、钱塘十景、西湖十八景、杭州二十四景、西湖百景等相映生辉，杭州的历史文脉得以延续，"三面云山一面城"的城湖空间格局得以保护，"一湖两塔三岛三堤"的西湖全景重返人间，西湖变得更生态、更有文化、更有品质。

同时，西湖综保工程充分尊重原住民的权益，奉行：居民户外迁、农居"允许自保，鼓励外迁"的原则，并不强制要求西湖风景名胜区内的农居进行外迁。环西湖沿线全线贯通，环湖公园景点和博物馆全部免费开放，充分体现了西湖综保工程"还湖于民"的核心理念。同时也引发了各地游客到杭州旅游的热潮，不但到杭的游客人数大幅增加，而且逗留时间也不断延长，综合花销持续增加，带动了景区乃至杭州市宾馆、餐饮、交通、零售、会展、通信等行业的迅速发展。同时，西湖周边地价不断提高，市土地出让收入不断提高，实现整体的资金平衡，实现可持续发展，最终实现了社会、文化、生态、经济"四个效益"的完美结合。

2006 年，杭州西湖文化景观以其潜在的突出普遍价值，被列入《中国世界文化遗产预备名单》，并作为我国第一项按照"文化景观"类型申报的世界文化遗产，进入我国申报世界文化遗产的提名计划。2011 年 6 月 25 日，"中国杭州西湖文化景观"被列入新的世界遗产名录。"杭州西湖文化景观"包括真实、完整地保存至今的西湖自然山水、城湖空间特征、景观整体格局、系列题名景观"西湖十景"、西湖文化史迹和西湖特色植物共 6 种类型的景观要素，分布于杭州城市西部的西湖及其周边群山共 42.36 平方公里的范围内。其符合联合国教科文组织规定的三项标准：

标准（ii）：西湖景观反映了从印度传入中国的佛教思想，如"佛教徒的和平安静"和"风景如画"，而且它又对东亚的景观设计具有重要的影响。它的堤、岛、桥、寺、塔以及风格鲜明的景观在中国多处及日本都被效仿，尤其是北京颐和园。十景的概念在中国已流传七个世纪，并在 16 世纪朝鲜文人造访西湖后传到朝鲜半岛。

标准（iii）：西湖景观是体现唐宋时代演变而来的系列景观入画这一天人合一的特定文化传统的杰出见证，其关联性一直延续至今。得到提升的西湖以及其背衬青山、怀抱堤、岛、桥、园、塔、寺的独特布局，可以被看做是反映这种传统的、具有突出代表性的实体。

标准（vi）：唐宋时期，设计完善景观并由画家为景观作画、由诗人为景观提名的这一彰显天人合一的文化在西湖景观及其岛、堤、寺、塔和特色植物上得到完美体现。西湖在七个世纪以来秉承这一传统价值，使其传遍中国甚至日韩，使其具有突出的重要性。

申遗成功后，杭州市政府秉承原有的保护和惠民理念，承诺坚持做到"六个不"：

一是"还湖于民"目标不改变。自 2002 年开始，杭州实行"西湖免费开放"，迄今已免费开放的公园景点共 130 余处，是中国第一家也是迄今为止唯一一家不收门票的 5A 级景区。今后，杭州将继续坚持"还湖于民"目标不改变，坚持"免费开放西湖"不改变，使西湖成为世界人民的大公园。

二是门票不涨价。对因文物保护需限制客流量的灵隐、岳庙、六和塔、虎跑等景点，承诺门票不涨价。

三是博物馆不收费。自 2003 年开始，杭州在全国率先对博物馆、纪念馆、科技馆等公益性场馆实行免费开放，并出台优惠政策，开展青少年学生"第二课堂"活动，让青少年学生走进博物馆、纪念馆。今后杭州将继续坚持博物馆免费开放，并进一步加强建设，不断提高博物馆管理和服务水平。

四是土地不出让。对西湖风景名胜区的土地，杭州将严格按照《风景名胜区条例》等相关法律法规及《杭州西湖风景名胜区总体规划》的要求，严格保护好土地资源，绝对不搞经营性出让，坚决制止房地产开发项目，禁止设立与风景名胜资源保护无关的其他建筑物。

五是文物不破坏。今后，杭州将始终本着"保护第一、应保尽保"原则，对各类文化遗产进行全方位严格保护，不断完善保护体系，持续推进文化遗产保护修缮，积极挖掘整理历史文化碎片，促进文化遗产的合理利用。

六是公共资源不侵占。西湖是人民的西湖。西湖及其周边地区的每一方湖面、每一寸岸线、每一块绿地、每一处设施、每一个景观，都是极其宝贵的公共资源，都要让广大市民和中外游客共享。今后，杭州将建立健全西湖风景名胜区资源保护管理制度，绝不允许任何单位和个人侵占西湖的公共资源，实现公共资源利用效益的最大化、最优化。

申遗是手段，不是目的。申遗的目的是保护西湖、造福后代。

2）运河的保护

杭州因水而生，因河而兴。京杭大运河是杭州的母亲河，不仅是"国之瑰宝"，也是杭州"城之命脉"。

大运河始建于隋代，是当时官办漕运的国家"高速公路"、南北运输大动脉。它不仅是都城百万官民的生活补给线和国家财政的主要来源，也孕育了沿岸市镇发达的工商业、手工业、仓储业。杭州作为大运河南端城市，江河沟通、地位日益重要，带动了杭州经济发展。至南宋定都，杭州已发展成为东南名郡、国际都市。大运河不仅具有重要的航运功能，还具有取水、排污、泄洪等功能，成为城市发展的命脉。

改革开放后至二十一世纪初，由于市场竞争、全国纱锭规模过剩，沿海城市首先面临纺织企业效益下降，工厂面临倒闭和破产的困境。杭州拱宸桥纺织工业区首当其冲，"退二"成为当时的唯一选择。沿河工厂逐渐搬离，留下大片闲置工业厂房。同时，杭州市政府北迁至武林门和拱墅区政府北迁至拱宸桥，带来居住、商业功能北上。运河地区由工业区转型为综合性城区。新的居住功能的进驻，也造成居住与工业、居住与航运的矛盾。为了解决这一矛盾，开辟运河二通道被提上议事日程。另一方面，由于运河水质过于恶劣，严重影响到河边居民的生活质量，民众要求政府整治运河的呼声很高。

为了根治运河水污染，杭州市从 1998 年开始进行大规模截污纳管和运河综合整治。随着疏浚河道、江河沟通、沿岸绿化等一系列整治工程的推进，运河水体质量的恶化趋势得到遏制，不少检测点的运河水质达五类标准，航运功能也得到了一定提升。

运河（杭州段）综合整治和保护开发工程是市第九次党代会确定的"十大工程"之一。运河综合整治与保护开发工程首先是一项历史文化遗产的"抢救工程"。运河杭州段综合保护的总体规划新老建筑"和而不同"。老房子要"修旧如旧"，新房子要"似曾相识"。坚持"保护第一、应保尽保"，修复人文生态，延续城市文脉。按照"真实性、完整性、延续性、可识别性"原则，把现存的历史文化遗存无一例外地保护下来，把已损毁的重要文物和文化景观"修旧如旧、似曾相识"地恢复起来，捡起历史的碎片、文明的碎片，再现运河这条"历史长河"、"文化长河"的丰富文化内涵，为运河"申遗"打下扎实基础。运河两岸的这些建筑要真正做到"和而不同"，成为"建筑历史博物馆"。现在运河两岸有 21 世纪的建筑，如西湖文化广场、正在开发的汽发厂地块和运河商务城等，有 20 世纪八九十年代的一些建筑，也有 50 年甚至 100 年前的老建筑，真正体现了建筑历史的文化。景点景区规划"串珠成链"，不单独研究一个一个的景点景区，而是按照"串珠成链"、打造世界级旅游产品的理念谋划景点景区应该怎么办。沿运河打造城市综合体，把由拱墅区和其他城区实施的项目纳入运河综保工程范围。沿运河两侧 1 公里或者 500 米范围之内都按照优势互补要求在功能上进行整合。运河综合保护中突出要求改善自然生态。要坚持"保护第一、生态优先"，通过截污、清淤、驳坎、换水、生物防治等措施，进一步修复和改善运河的水生态环境。

根据保护利用规划，落实具体建设项目，推进运河综合保护工程。其中的具体项目包括工业遗产利用、香积寺路改造、跨运河通道建设、运河两侧慢行交通系统建设、运河观光塔建设、佛教寺庙和道教道观、杭丝联地块利用、张小泉剪刀厂搬迁等。

3）临安城遗址（南宋皇城遗址）的保护

临安城遗址是宋高宗赵构于绍兴八年（1138 年）定都临安（今浙江省杭州市）后，在北宋州治旧址修建的南宋都城城址，2001

年经国务院批准公布为第五批全国重点文物保护单位，性质是遗址类。"十一五"期间临安城遗址被列入中国一百处重要大遗址名录（图3-3）。

图3-3　德寿宫考古照片

　　南宋是中国历史上经济文化高度发展的时期之一，杭州在南宋一百三十余年的时间里为国都所在。南宋临安城遗址对于研究南宋政治、经济及文化，南宋皇城的特殊形制和布局以及中国都城制度的发展和变迁，都具有十分重要的价值，其具体表现在历史、艺术、科学和历史价值四个方面：

　　（1）历史价值。南宋临安城历史悠久，城市格局保存完整、清晰可辨，具有难得的真实性、完整性和延续性特点；其形制独特，南宫北市，临江跨山，西湖旁依，布局具有创意，为城市发展留下足够的空间，在中国古代城市史上具有独特性；其作为不可多得的南方都城代表之一，表达了迥异于北方都城的、因地制宜的创造性特点；南宋临安城是宋室南迁时建造，是南北方制度、经济和文化在特殊时期进行交流的历史见证。

　　（2）艺术价值。城墙利用山形走势进行架设、宫城选址在山水之间，是设计结合自然的中国古典城市的代表；城郭直中有曲，绿化具有南方特色，对于提升历史文化名城品质具有重要作用，是南方山水城市的典型代表。

　　（3）科学价值。城市选址与布局充分考虑了城市生长、城市景观与自然环境的关系，是中国古代城市利用地形的优秀例证；根据城市功能需要划分区域，且能结合当时之旧城合理利用；市政系统科学，很好地解决了南方城市水系丰沛易洪易涝的难题；开放式街巷，道路结合主要建筑进行布局，尽量便捷和直线沟通；充分利用水乡城市的特点和优势，以都城为中心，以江河为主干，结合其他支流形成一个环城的大型水上交通脉络，配合京畿驿道，聚集周围郊区一系列的大小卫星市镇及澉浦港口，是古代生态城市的代表。

（4）社会价值。南宋是中国历史上经济文化高度发展时期，临安城是这一时期社会经济文化繁荣发展的代表。宋室南迁促进了南北文化的交流以及城市生活的快速发展；南宋时期，对外贸易空前繁荣，临安城被誉为"华贵天城"，是中国对外交流和展示的一个重要窗口；南宋临安城遗址位于现杭州市主城区，丰富的积淀对提升城市品质起到积极作用。

南宋临安是南宋历史文化的象征，是杭州历史文化遗产的"制高点"，是杭州这座历史文化名城最重要的标志。然而，南宋临安城遗址位于杭州主城区的核心区域，地处城市的商业中心区和居住聚集区，遗址保护与城市发展之间矛盾突出。杭州市委市政府高度关注此问题，在二十一世纪伊始即提出"保老城，建新城"，由"西湖时代"迈向"钱塘江时代"的空间发展战略，为保护老城的历史文化遗产创造了条件。

启动实施南宋皇城大遗址综保工程对于杭州城市发展而言，具有极端重要性、紧迫性、复杂性和艰巨性。以南宋博物院为核心和重点，以国家级文保单位（临安城遗址）为依托和基础，采用保护—展示—利用相结合的方式，运用城市设计的手段解决城市保护与更新的问题，全方位、多维度地塑造城市空间和意向，使之成为一个融合"古"与"今"、"虚"与"实"、"动"与"静"的全景式的、可体验的、"活"的遗址公园综合体。并且通过历史建筑来反映数百年来杭州建筑的发展史，体现建筑历史和原住民生活的延续性，打造"建筑历史博物馆"。总体而言，对皇城遗址规划目标理念概括为：将南宋皇城大遗址公园打造成为"世界文化遗产和世界级旅游产品"；把南宋皇城大遗址保护展示为"中国大遗址保护典范"；展示南宋皇城大遗址公园"中国最美丽山水花园式皇城遗韵"的特色；揭示南宋皇城大遗址公园各功能区独特的"场所精神"，展现各具特色的"南宋文化元素和建筑符号"。其具体规划原则包括以下几个方面：

（1）"保护第一、生态优先"——大遗址公园中遗址保护坚持原真性、可读性、可持续性和整体性。坚持最小干预，严格保护遗址本体与周边环境，打造自然环境与历史环境高度和谐、完美融合的历史文化遗产保护的典范。

（2）"和而不同、兼收并蓄"——在妥善应用宋代的文化元素和建筑符号的同时，重视后期文化传承，展示城市的发展轨迹，打造以南宋为主题，体现不同历史时期、不同地域的建筑和空间多样性。保护大遗址历史信息的真实性、环境风貌的完整性、生活形态的延续性和人文景观的可识别性。

（3）现代和历史的有机结合——规划范围既是杭州历史文化

遗迹的重要分布区，又是城市中心区，规划方案应立足于可持续的保护与发展，实现历史遗迹的保护与现代服务功能的有机结合。

（4）保护历史与改造更新的有机结合——通过"可逆性"的改造更新，标识历史信息，恢复街巷的"历史感"，强化城市的文化特征。

（5）物质遗产和非物质遗产的有机结合——分析南宋皇城大遗址公园内的文化遗迹与非物质的历史信息，结合重要节点导则设计，通过与遗迹展示、场所精神展示相适宜的手法来体现南宋皇城大遗址的风貌和特色。

（6）南宋文化与其他文化保护的有机结合——南宋皇城大遗址公园的文化积淀深厚，叠压了隋、唐、吴越、宋、元、明清等朝代的文化积淀，南宋皇城大遗址公园的建设需协调南宋文化与其他文化类型，展示城市的文化脉络。

（7）地上建筑物和地下历史遗迹的有机结合——南宋皇城大遗址公园包含了大面积的城市建成区，承担着多项城市功能，概念规划需着眼于大遗址的总体保护与利用，明确各类遗址片区地下遗址与地上建筑的规划要求。

（8）新建建筑与现有建筑的有机结合——新建筑尽可能体现南宋符号与元素，对现有建筑的整饬、修缮、改造、更新也要根据实际情况，用不同方式，来体现南宋符号与元素，以与新建筑达到协调、多样。

（9）文化遗迹保护与展示的有机结合——在满足大遗址保护要求的前提条件下，研究借鉴各种大遗址的展示手法，达到"通过合理的设计，引发美好的联想"的目的。

（10）旅游发展与容量控制的有机结合——目前大遗址公园承担着城市旅游商贸、食宿服务、居住生活、商务办公等功能，规划从文化网络的构建要求出发，提出理想的空间结构、旅游发展与容量建议。

（11）水陆交通系统与游览功能的有机结合——从大遗址公园角度出发，论证规划道路、交通系统的合理性，提出协调城市交通、旅游线路的道路与河道规划系统（合理配置停车场、游船码头，设置特色交通工具），以满足遗产的保护利用、原住民的生活需要等要求。

（12）大遗址公园内各综保工程有机结合——从大遗址公园角度出发，整合现有的各大遗址综保工程，提出规划要求与建议。

（13）"点、片、线、面、体"的有机结合——实现"遗址点"、"街区片"、"文化线"（街、河、墙）、"工程面"（综保工程）与"公园体"（大遗址公园综合体）有机结合。

（14）"城、山、湖、江、河"的有机结合——实现历史之城、现代之城、南部群山、西部西湖、东南钱江、中部河流的有机结合。

4. 西溪湿地（生态文化）

西溪国家湿地公园位于杭州市区西部，与西湖仅一山之隔，距离不到5公里，总面积约10.08平方公里，是我国罕见的城中次生湿地。西溪湿地的形成，可以追溯到四五千年前的良渚文化，它是杭州最早的文明发源地。

西溪是发源于天目山的水系，由苕溪，上埠河等河流组成，这些河道原先也是流入钱塘江的。但那片最终形成现今杭州的陆地的不断扩大，压迫了西溪水的入江入海，使其在前部洼地淤积，并渐渐向北偏流，最终成为太湖水系的一部分。由于排水不畅，水量大时每每泛滥成灾，冲击杭州，余杭等地。于是东汉的另一个地方官陈浑主持修筑了另外一条堤"西险大塘"，号称汇万山之水于一溪，占西溪水量之绝大部分的苕溪就这样彻底与西溪分离了，余下的上埠河成了西溪的主流。流量的减少与改道，使苕溪古河道及两侧洼地，湖面大面积地沼泽化，最终就发育成了原始的西溪。

对于西溪湿地的历史，概括地说，归纳为远古雏形、汉唐形成、宋元发展、明清昌盛、民国萎缩与现今新生的六个阶段。在四五千年前，西溪的低湿之地，如受天目山春夏洪水的冲流，此处被淹没，便成了湖泊，而干旱之时，湿地也就出现。湿地随隐随现的现象，因此可以把它称为雏形阶段。从东汉熹平元年（172年）建造南湖算起，到唐末五代为止，大约有一千多年时间，是西溪湿地形成期。到了宋元时期，在宋太宗端拱元年（988年），朝廷正式在此建置西溪镇，这是西溪进入新阶段的开始，这也说明了西溪是个千年古镇。明清时期，西溪两岸的社会经济与文化，得到了多方面的进展，养鱼育蚕、种竹培笋与茶叶果蔬等农副业得到发展，成为郊区农业的特色。但是民国后，湿地日渐萎缩。到了20世纪50年代，西溪地域多个乡镇的建立，工厂企业的发展，使西溪湿地范围逐渐缩小。随着城市发展，西溪湿地面积从历史上的60多平方公里，逐渐缩小到现在规划保护的10.08平方公里。

根据《杭州市西溪风景区总体规划》，西溪湿地的景区范围是11.4平方公里，外围保护范围为15.7平方公里，周边景观控制区50平方公里。西溪湿地风景区东起紫金港路绿化带西侧，西至绕城公路绿化带东侧，南起沿山河，北至将村乡驻地，总面积11.4平方公里。其规划以"综合整治西溪地区，合理调整产业结构，优化生态环境，改善西溪水质，扩大杭州市旅游空间"为指导思想，以秀丽的湿地生态自然景观、底蕴深厚的历史人文景观为特色，融保护、利用、研究、游览为一体的国家级湿地公园为定位，将西溪湿地作为杭州市绿地生态系统的重要组成部分，以保护区域的生态环境、改善湿地公园的水质状况为根本立足点，同时恢复展示清雅秀丽的湿地自然景观、底蕴深厚的历史人文景观，发挥生态修复、资源培育、科普教育等重要作用。

实施西溪湿地综合保护是杭州市在新世纪以来一项重大决策，对于我市保护绿地生态系统、改善生态质量、提升城市品位、促进人与自然和谐相处及经济社会可持续发展，都具有重要作用和深远影响。整个西溪国家湿地公园的建设工程，按计划共分为三期（图3-4）。其中：

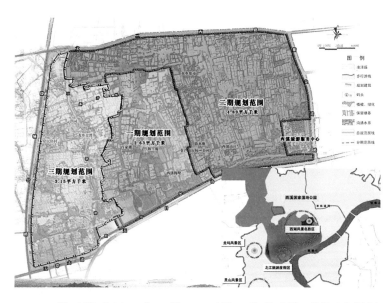

图3-4 西溪湿地综保工程分期图

一期工程于2005年5月1日开放。建成后的西溪国家湿地公园，生态、社会、经济三大效益协调发展，受到了国内外领导与专家的一致肯定。2006年2月西溪国家湿地公园荣获首届世界休闲创新奖，"西溪模式"作为湿地保护的典范，在同年的第二届国际湿地论坛上向全世界进行推广。

2006年5月18日，市委市政府正式宣布启动西溪国家湿地公园二期工程。二期工程东起紫金港路西侧绿化带，南至天目山路，西至一期工程及三期工程东界，北至文二西路，规划总用地面积约4.89平方公里。工程包括了"一片、两区、三带、五廊"的整体结构，将展现整个二期工程范围内"东静西闹，南雅北俗"的布局特征。

西溪湿地三期于2008年1月开工。该项目位于五常街道境内，东与西湖区接壤，西以绕城高速为界，北至文二西路（文新路），南达五常大道，面积3.353平方公里（其中核心保护区面积3.15平方公里），总建筑面积11.5万平方米，概算总投资43亿元。规划区块范围内包括五常、友谊等两个行政村、二十三个自然村（组），计有990户、4000余人。农居建筑占地约27万平方米，建筑面积约41万平方米。

在西溪湿地保护建设中，杭州市确定并坚持"生态优先、最小干预、修旧如旧、注重文化、以人为本、可持续发展"六项原则（图3-5）。

图3-5 西溪湿地美景

（1）生态优先原则：打造西溪模式的基本原则是围绕"积极保护"，始终坚持了保护生物多样性及湿地生态系统结构和功能的完整性，是西溪湿地综合保护的"第一要务"，具体包括修复植被、保护动物、改善水质，最终实现还原湿地植被，体现西溪四种特色：野、冷、幽、静。做到水清、岸绿、鸟语、花香，保持原生态群落的生态目标。

（2）最小干预原则：西溪湿地核心区生态环境修复并没有一味的去增加湿地面积，扩大水面与陆地面积比例，而是采取迁出居民、较少建设用地、补充绿化、减轻人类干扰的方法来缓解生态压力。这种方法是针对湿地核心区生态问题的本质：人类干扰太过严重，生态环境已经急剧恶化采取的，目前看来，取得了良好的效果。

（3）修旧如旧原则：湿地保护工程中，原来散布在湿地的517户原住民，将只保留100多户，并如原样修复。在西溪湿地上，建筑只是陪衬，建筑不能凌驾于湿地之上。

（4）注重文化原则：立足次生湿地的实际，发掘西溪名人，尊重历史，汇入西溪的景点，保留必要的建筑设施和文化遗产，承载西溪湿地特有的文化元素和历史信息，体现真实的西溪、延续的西溪、完整的西溪，反映人与自然和谐相处的历史和现状，体现对文化的尊重。

（5）以民为本原则：西溪湿地是城市公共资源，西溪成为大家的湿地，发挥生态教化功能。西溪湿地的所有资源都是公共资源，每一寸岸线、每一块绿地、每一个景观，都要让广大市民和中外游客共享，使西溪国家湿地公园真正成了"人民的大公园"。西溪湿地综合保护涉及生态环境保护和修复、动植物资源配置、历史文化遗存开发利用、民居村落规划布点、产业结构调整包括旅游发展等多元主题。

（6）可持续发展原则：西溪湿地核心保护区的保护工程将分三期完成，并且把对湿地生态恢复和保持的努力持续下去，发挥生态系统自我平衡能力。通过综合保护，湿地生态系统得以修复，生态多样性进一步显现西溪文脉得以延续，人文生态得以修复，最终实现人与自然、历史与现实、保护与利用相和谐。在周边，西溪原住民生产生活条件大幅改善，生活品质显著提升，周边土地的价值得以提升，国际高档酒店得以进驻，最终实现政府与群众、投资与回报的平衡。

建设湿地公园，打造西溪模式的根本理念是以保护为目的，以利用为手段，通过适度利用实现真正的保护，也就是要在保护与利用之间找到一个最大"公约数"和最佳平衡点，实现保护与利用"双赢"，实现生态、社会和经济效益的最大化、最优化。这也是"西溪模式"的精髓所在和核心内涵所在（图 3-6）。

图 3-6 《杭州西溪湿地国际城市综合体概念规划》效果图

5. 杭派建筑与新宋式建筑

为探索杭州市历史文化名城保护新模式，将保护与发展有机结合，突出杭州城市建筑的特色，在南宋皇城大遗址公园规划中以"文化优先、以人为本、兼收并蓄、和而不同"为原则，通过控制、协调各类建筑对历史城市风貌的影响，恢复、营造具有南宋特色的景观。在南宋特色风貌营造中以区域内各历史时期的建筑风貌为基调，突出南宋特点，引导城市特色的保护和再生。

南宋是杭州历史上城市建设发展的辉煌时期，精致开放、工整简明、轻盈柔美、清丽雅致的南宋时期建筑是体现杭州建筑风貌的瑰宝。根据宋式建筑的保护或新建中采用工艺和处理做法的不同，在规划设计上分为四种类型加以分别对待。

纯宋式建筑依据北宋编制的《营造法式》原汁原味地采用原材料、原工艺和原做法，建筑体量小于经考证的皇宫大庆殿体量，建筑材料以木材为主，以石材、砖瓦铜铁等传统金属为辅。

防宋式建筑或新宋式建筑总体特点为宋式风格、宋式尺度、新结构与新材料、现代空间。因此建筑体量控制上控制严格，建筑总体量较大时采用化整为零的院落式组织方式，地块划分的尺度依照南宋街巷的划分肌理。但是在建筑采用的材料和工艺上可以以现代建筑材料为主、传统材料为辅。在贴近人的视觉感部分的建筑材料则选用传统的建筑材料或表现传统建筑材料审美特点，如石材的加工应该保留石材的材质特点，表现接近古代原型质感。按照不同功能的建筑区分，景观节点类的建筑如南宋遗址核心区和风貌核心区内重要建筑的新建要求形成完整、准确的宋式建筑与环境形象；风貌协调区内的重要节点建筑新建宜采用有特色的仿宋式亭榭风格。

宋式协调建筑或点缀宋式建筑的总体特点强调宋式韵味、现代空间和尺度以及风貌协调。因此宋式协调建筑属于在风格上与历史风貌相协调的现代建筑。协调的原则是比例尺度的和谐，近人尺度部分宜采用反映南宋建筑空间形象的建筑构成，如挟屋、廊道、副阶、入口、天井等；采用的新材料新技术应抽象地表现宋代建筑特点。

3.1.3 新世纪以来杭州城市规划对城市景观特色塑造作用及其问题

1. 政府对规划的高度重视

规划在城市景观重塑过程中的龙头作用和地位的凸显，首先得益于城市政府对规划的高度关注。在城市总体规划指导下，历史文化遗产保护规划、生态带概念规划及控制规划、道路、河道水系、背街小巷等环境整治规划、西湖东岸景观提升规划、南宋皇城大遗址保护规划、城市色彩规划、城市雕塑规划、新城及综合体规划等一批相关规划，适应了经济社会发展的新需求，体现了城市政府对城市品质、城市文化、城市景观特色的前所未有的重视。

2. 社会意识的觉醒及其对规划的监督

经历了城市精神以及城市景观特色的迷失与失落，整个城市社会、城市的市民也逐渐觉醒，从被动接受城市的景观到关注并自主维护这个城市的特质和魅力。越来越多的城市市民关注并主动参与城市的景观重塑，并在规划的实施过程中予以监督。例如，以嘉里中心项目为代表的媒体监督引发社会对嘉里中心建筑高度突破西湖东岸景观保护要求的关注，迫使业主重新调整了设计方案；又由原浙大医学楼拆除引发对建筑寿命过短的关注，促使政府出台严格控制重要公共建筑拆除行为的相关规定。

然而不可忽视的是，尽管从政府到社会，从专家到普通市民都体现出对恢复城市景观特色的全面关注并且付诸行动，事实上由于诸多原因，城市规划的引领作用也受到限制。

3.1.4 小 结

首先，从当前城市规划的理念与规划方法上，仍然往往从城市的局部或景观特色局部特征出发，而缺乏城市总体控制的统筹考虑，更加没有能够从城市的文化与城市精神的高度实现城市景观意向的构建。

其次，在当前城市规划实践从其本质属性上发生了重大的转变。经由在传统计划经济体制下，作为国民经济发展计划的深化落实、到各项建设的综合部署，再进一步向市场经济体制下一种宏观调控手段和公共政策转变。因此，城市规划的目标制定、实现途径都不再能够延续从前的传统模式。我们必须研究新背景、新时期城市规划作用特征，从而寻求通过城市规划有效重塑城市景观特色的解决途径。

21 世纪是全球化、信息化、城市化的大发展时期，经历了改革开放以来约 20 年的快速发展，人们在城市文化、景观面貌的快速改变中已经开始意识到问题的严重性，从市民、游客对杭州市快速改变的城市面貌的认识中感到了失落。为此，开始了重新寻回城市精神的努力。

自改革开放以来，杭州市历经了古城的消亡、大规模的旧城改造、新式居住小区的集中成片开发过程。对城市"自我"特色的丧失的感知，首先来自于生活在城市中的市民的情感感受。从游客眼中最代表杭州市特色的景致和风貌就更容易受到干预和影响，杭州市城市的日益"现代化"、"国际化"却使游客心目中的杭州失去了原本宁静、雅致、含蓄的城市性格。"以人为中心"的城市空间环境景观是城市精神本质的外在化表征。城市的居民以及慕名而来的游客对于城市景观的失落感也直接反映出城市精神与城市文化的失落。

为寻回失落的城市精神、重现城市昔日风采，杭州市在不断探索中寻求属于自己的城市性质定位和品牌，2007 年杭州市将"生活品质之城"作为最高层面的城市定位和城市品牌以及今后发展的奋斗目标。2007 年获国务院批复的《杭州市城市总体规划》正式提出了"一主三副六组团、双心双轴六大生态带"的山水格局大框架，并在总体规划的统领引导下，多方面探索特色城市之路。西湖综合保护、运河综合保护以及南宋皇城大遗址的规划建设都是这一时期积极探索城市特色的实践。

　　总体而言，经历了城市精神以及城市景观特色的迷失与失落，整个城市社会、城市的市民也逐渐觉醒，从被动接受城市的景观到关注并自主维护这个城市的特质和魅力。规划在城市景观重塑过程中的龙头作用和地位的凸显，首先得益于城市政府对规划的高度关注。然而不可忽视的是，尽管从政府到社会，从专家到普通市民都体现出对恢复城市景观特色的全面关注并且付诸行动，事实上由于诸多原因，城市规划的引领作用也受到限制。城市规划的目标制定、实现途径都不再能够延续从前的传统模式。我们必须研究新背景、新时期城市规划作用特征，从而寻求通过城市规划有效重塑城市景观特色的解决途径。

第4章

今日的杭州
——意象重构
与价值重塑

第 4 章
今日的杭州——意象重构与价值重塑

4.1　杭州城市景观意象重构与价值再塑

4.1.1　城市文化审美价值重塑与宏观整体空间意象控制

在快速城市化进程的冲击与影响下，土地、资源、空间需求快速扩张，如中国许多大中型城市一样，杭州也在突如其来的环境、交通、空间发展压力下摸索着解决之道。相比于国内其他城市，杭州一方面受到西湖保护的影响，严重制约着东岸城市的空间发展；另一方面杭州又地处我国经济最发达的长三角地区，在20 世纪 90 年代以来成为中国经济、社会发展上升速度最快、外来文化冲击最激烈的地区。可以说，杭州在空间发展需求快速上升和供给严重不足之间所具有的矛盾，是国内大部分城市所无法比拟的。也正因为如此，从 20 世纪八九十年代开始至今的二十年间，杭州几乎一直处于疲于解决快速城市化所带来的城市转型状态中：大规模旧城改造、行政区划调整、城市规模扩张、拓宽改造城市道路、城市建筑向高层化发展等。短短十几年间，我们蓦然发现，原来那个依偎在西湖东岸、有着江南婉约、小巧尺度的城市摇身一变，成为了一座高楼林立的现代化大都市。所幸的是，在城市发展格局的转变过程中，杭州尽管也有文化迷失，但却始终坚持着"三面云山一面城"、"城景交融"的城市景观特色和对历史文化名城的整体保护观，使其城市空间在总体上延续着核心特色，使城市景观价值得以延展。回顾杭州近三十年的城市景观形象发展历程，不仅揭示了城市经济、社会、城市综合竞争力提升对城市景观整体风貌和空间形象的内在驱动作用，更深刻地反映了城市经营者、管理者对城市文化、城市品质认识不断深化的思想脉络（图 4-1）。

在宏观整体空间意向的控制过程中，杭州始终把握着精神文化指引物质空间建设、两条主线并进的发展方向，推动了城市整体空间特色的保持与延续。

图 4-1　从依山傍水的江南小城到精致大气的秀雅之都（杭州拱宸桥地区的发展变迁）

1. 确立城市精神文化价值

　　杭州在塑造城市形象、维护城市特色的过程中，始终把握着"精神文化"建设这条主线，并伴随着城市发展而不断深入，大致经历了三个思想阶段：

　　第一阶段是 21 世纪初开始，环境创造价值、科学技术是第一生产力的思想转变引发了国内城市对生活与创业环境的关注，并随之开展了大量城市景观综合整治工程。杭州市委市政府针对当时城市规模扩大的初期阶段，提出了"构建大都市，建设新天堂"的城市发展理念，和"四在杭州"——"住在杭州、学在杭州、游在杭州、创业在杭州"的建设要求。为此杭州结合当时道路畅通系统工程开启了道路综合整治、道路景观优化工作，形成了以功能改善为带动的景观初步整理工作：先后实施了"33929"道路交通改善工程、"三口五路"、"一纵三横"、"五纵六路"、"两口两线"等道路整治与街景美化工程，并连续三年实施了背街小巷环境改善工程，使城区内环城北路、艮山路、天目山路、体育场路、凤起路、庆春路、解放路、环城东路、东新路、绍兴路、古墩路、新塘路以及湖墅路等主要道路的环境风貌得到极大的改观。在城市文化方面，仍基本延续了 20 世纪末的西方景观美学观作为美学价值评判标准，公众普遍接受新技术、新风格所带来的"心灵震撼"。道路环境改善工程除应对不断增长的机动车交通压力而需要完善道路交通功能外，更重要的是在挖掘历史碎片、综合解决步行空间与街道环境和建筑景观的关系、强化街道景观特色等方面进行了有效的实践，如通过临街建筑的骑楼改造形成有安全感的步行空间，串联沿路的历史文化要素形成系列化节点景观，统一整条街道两侧的建筑界面风格，将杭州传统建筑语汇重复运用在空调隔栅、窗棂等建筑细部，使杭州真正散发出精致和谐的城市气质（图 4-2）。

图 4-2 杭州城市道路变迁与环境
整治（庆春路 30 年间的变化对比）

图4-3 钱塘江边的杭州城市新中心（上）南宋御街中山中路有机更新（新城区建设与历史城区保护齐头并进）（下）

图4-4 江南山水孕育下、发展中
的品质之城

　　第二阶段是 2005 年前后，随着全国构筑"和谐社会"的发
展要求，和杭州城市东扩、南下这一从"西湖时代"迈向"钱塘
江时代"战略举措的正式实施，杭州呈现了老城、新城共同发展
的新格局。为此杭州开始以"精致和谐与开放大气"的城市风格
定位为目标，确立了老城精致和谐、新城开放大气的整体景观形
象，并直接影响了该时期的审美价值：一方面要在钱塘江沿岸创
造一个体现现代、高效、活力的 21 世纪杭州城市新形象，以向
世人展示经济腾飞、社会和谐的城市风貌；另一方面高度重视老
城历史资源保护和挖掘、历史风貌特色与传统文脉传承，如开
展中山中路历史街区有机更新、加强历史建筑保护工作等。由于
这一阶段的大众审美价值表现在既要突出新城之"新"也要保护
老城之"古"，两者以相对独立的精神文化意识指导着各自建设，
使得新城与老城风貌、新建筑与老建筑景观之间缺少对话与交融
（图4-3）。

　　第三阶段即从 2007 年开始直至目前，在城市景观风貌基础
性体系构建基本完成后，为了加强城市风貌、深化城市内涵，以

科学发展观为指导提出了"生活品质之城"这一更深层次的城市目标定位。自此杭州终于跳出了孤立看待某道路、某地段或某区域景观风貌构建的框架，开始谋求以挖掘文化内涵、促进城市景观品质提升为指引的城市建设新思维。如以促进江南水乡特色为目标的"五水共导"实施计划，以保护西湖文化景观特色为根本的西湖东岸城市景观提升工程，以增强杭州文化根基为目标的南宋皇城遗址综合保护工程，以城乡统筹和谐繁荣为指引的三江两岸景观提升计划等等。相较于之前七、八年，近两年来最大的变化在于对城市审美价值的再认识，对"保护"的重新认识，开始研究如何以积极的方式促进历史风貌与新建区域有机融合，如何促进城市走向有机更新，以及如何在新城建设、老城更新过程中传承杭州传统文化语言等（图4-4）。

正是因为杭州在不同城市发展阶段和发展需求下提出了相应的目标指引，实质性地树立了新时期公众对城市文化精神的认同，使得杭州近十年的城市景观风貌得到极大的改观，城市特色逐渐凸显。

2. 延续城市整体空间景观意向

在杭州五千年的建城历史长河中，既经历了古代高度文明的跨湖桥时期、良渚时期、吴越时期和南宋时期，奠定了三面云山一面城、云山处处城带水、山水城相依的历史空间关系，同时也面临着近代以来纷繁战乱、工业大跃进、"文化革命"时期对城市历史空间的无情破坏。但是，当我们翻开杭州近代城市发展历程，去揭示其空间发展变化内在的指引要素时，可以梳理出一条清晰的脉络主线，那就是对"西湖的保护"，成为历届政府、历轮都市发展计划或总体规划中首要坚持的要素。从1953年编制的《杭州市城市总体规划》确定城市性质为"休疗养城市"，到1958年城市总体规划确定的"工业的、文化的、风景的城市"，再到"文化大革命"后期修订的城市总体规划提出的"社会主义工业城市和革命化的风景城市"，尽管城市性质中带有当时社会背景下浓厚的历史色彩，但也从中反映出近代以来城市建设主导者们在城市经营方面的思想主线，就是基于西湖保护和发展，西湖风景旅游的需要，对西湖风景区大力治理和建设。正是在这种背景下，杭州三面云山一面城的整体空间特色始终没有偏离大方向而得到保持和延续。

改革开放以后，杭州又先后开展了两轮城市总体规划编制工作和一次总体规划修编，其背后的动因当然在于着力解决快速城市化过程中的城市发展策略。在这一过程中，尽管有空间规模膨胀与边界模糊，有街道级配失调和社区割裂，有水网绿地生态体系不同程度的破坏，也有建筑风貌的杂陈与空间挤压等实际问题出现，乃至山、水、城传统空间关系也在城市的快速发展中发生着转变，但是所有这些问题的出现都是城市化发展的必然过程，在历史车轮的推动下不可逆转。唯一能做的就是如何尊重经济、社会发展的必然，在自然、人文的城市固有脉络基石上找到新时期合理的发展路径。杭州有幸做到了，她不但没有破坏原有的历史空间关系，更进一步延续了自南宋以来到明清时期便形成的"江湖城市"空间格局，并赋予其新的内涵。面对城市规模必须扩大、空间不断拓展的发展趋势，杭州一方面明确提出对"三面云山一面城"的整体保护框架，将历史文化名城保护、西湖风景名胜区保护、西湖景观控制作为政府工作的重要内容而受到高度重视；另一方面通过提出沿江、跨江发展战略，将城市发展新的功能空间沿钱塘江两岸布置，促进了杭州大山水城市格局的形成，使杭州不但是一座依托秀美西湖的历史文化名城，也有"拥江而立"的城市新区来承载当下的城市文化与审美价值。自此，杭州在原有"三面云山一面城"特色的基础上，更锦上添花地构建起"一江春水穿城过"的景观新格局，进一步促进了整体空间景观意象向山水城浑然一体、新城建设与老城保护携手共进的转型（图4-5）。

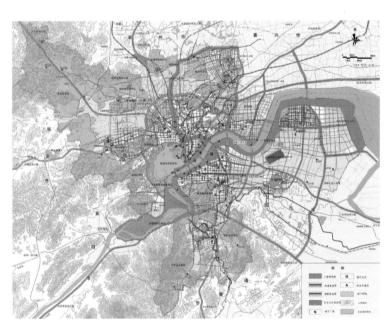

图 4-5 2007 版杭州市城市总体规划景观规划图

4.1.2 水网绿脉——杭州城市景观的特色基质

城市特色主要由两方面所呈现，一是自然地理环境特色，构成物质空间特色的本底；二是历史人文环境特色，构成物质空间所散发的内在文化气质，两者缺一不可。因此抓住城市基质延续城市特色是避免城市趋同的首要目标。

1. 水是杭州之魂，是城市景观特色基质

水是杭州的灵魂。这座著名江南水城的形成与发展，与江、河、湖、海、溪紧密相关。从因江而孕的前钱江时代，到因河而兴的运河时代，到因湖而名的西湖时代，再到因江而拓的新钱江时代，可以说，杭州的历史，就是一部"因水而生、因水而立、因水而兴、因水而名、因水而美、因水而强"的历史；从8000年前"跨湖桥文化"到5000年前的良渚文化，为杭州城市发展照进了文明的曙光；从公元前222年秦王嬴政设钱塘县到公元589年隋文帝置杭州的上下八百年时间里，城市因钱塘江而知名，到隋、宋时期京杭大运河的贯通而带来城市的繁荣；从历代围绕西湖的旅游繁荣再到今天"跨江发展、沿江开发"的新世纪，杭州城市发展已经迈入了"五水共导、因水而强"的新时期。

不仅如此，水还承载了杭州在城市发展中所展现的内在文化精神和传统审美价值判断，赋予城市以诗意交融。集山、河、湖、海于一体，山水相映，城林相依，既有钱塘江口的惊涛骇浪，又有西子湖畔的鸟语花香，处处体现出自然与人和谐相处的生境。江、河、湖、海相依的自然景观，使水成为杭州文化表现的基本形态，由此诞生了杭州独有的西湖文化、运河文化、钱江文化、西溪文化……影响着杭州人的生活方式和审美情趣，形成了他们主柔、重情、尚文、爱美的性格特征。孔子曰："仁者乐山，智者乐水。"水赋予了杭州人洒脱的气质、从容的胸襟。杭州人崇尚品茶、赏湖、观潮、择水而居的生活习俗，无不与杭州的水环境、水文化密切相关。从京城贯通到杭州的古运河，孕育了运河两岸从生产方式、建筑形式到民风民俗等多方面的独特文化，钱江观潮是杭州人持续千百年来的习俗。西湖开合得宜、秀雅平和的品质，形成了杭州人淡泊安定、和谐优雅的生活方式和情结，象征着宁静安详的精神家园，给人以家的安慰和寄托。

如果说，旧时的杭州具有江南水乡独特的灵秀之气，水赋予这座曾经的江南名城以无限风光，清流如酒，轻舟如梭，柔橹如梦，水不但为市民提供了多姿多彩的生存环境，也带来了商贾云集的一时繁华，孕育着更加美丽的杭州。如今，杭州的环境优势既在于山，更在于"水"，它集江、河、湖、溪、海于一城，山环水绕，相映成趣；它以湖为名、傍溪而聚、因河而兴、拥江而盛、面海而栖，是一座名副其实的"五水共导"的山水城市。

因此，抓住"水"就抓住了杭州特色的命脉。

2. 以水为脉、以绿为衣，重塑杭州特色基质

水网舟楫，曾经是城市间人流货物往来的交通要径；前街后河，曾经是江南水乡人家赖以生活的资源。然而近代以来，铁路和公路交通的发展迅速取代了水路，水上航运功能逐渐消退；取水于江河的城市管网设施日臻完善，城市居民再无需枕水而居；甚至于不断恶化的水环境、斑驳不堪的水生态，使人们对水产生了避之而犹不及的反向思维。城市向工业化发展的过程不但割裂了水之于人的生存需要，更无情的剪断了水与人之间的文化姻缘。因此，面对快速城市化的发展，面对蜂拥而至的机动车交通，杭州已无力珍惜曾经作为我们命脉的水网河流。市中心填河造路、市郊褪湿地建房，短短三十余年间，市中心除运河、中河、东河、贴沙河、上塘河等主要河流外，大量的支河、小河被填塞，市郊大片湿地在城市蔓延中被不断吞噬。在水网消失的同时，一些依水而存的文化节点、文化环境也受到不同程度的破坏，古桥、滨水地区致密的传统城市空间都不同程度的出现衰落直至消失。

改革开放后，杭州从以西湖为核心的团块状空间形态，到以钱塘江为轴线的带状发展，杭州的城市空间形态一直围绕着水而展开。一方面由于杭州城市化进程的迅猛发展以及"构筑大都市，建设新天堂"的时代要求，杭州城市空间必然突破原有的单核集聚式发展的传统模式，而走向多元化和复合化，形成多中心组团式的空间结构。在这一转变过程中，水仍然起到了空间联系的纽带作用和辐射的传递作用。因此，水已然成为杭州城市空间发展的主脉。另一方面当人们经历了大发展并走向富裕，后开始重新关注生活品质、关注休闲文化，目光重新锁定在曾经带来很多依恋和很多文化记忆的"水景观"上。同时，当河网水系剥去了对外交通和货运等航运功能后，其已然成为美化城市环境、容纳城市生活、展示城市文化、追寻城市记忆的舞台，更带动着沿岸地带城市新兴经济产业、现代服务业的发展，在新时期发挥着社会、经济、环境等方面综合价值，承

担起杭州打造"生活品质之城"的重任。为此，杭州从 21 世纪初开始，以"水"为脉，开展了一系列水文化价值与水景观风貌重塑的互动建设，主要包括：

1）确立"五水共导"，水网绿脉交织的总体发展战略

21 世纪初，为了从整体上保护和利用好清雅秀丽的西湖、古朴自然的西溪、繁荣畅达的运河、大气开放的钱塘江，强化江、河、湖、溪、海"五水共导"的亲水城市格局，展现"五水贯通"的城市风貌，延续江南水城的千年神韵，杭州提出了"生态水都，人文水都，休闲水都，繁荣水都"的新时期城市水系发展愿景。并在此基础上，以杭州城市总体规划为指导，以江河湖溪海形成的水系为基础，以水环境功能区划为依据，以确保城市防汛排涝安全为前提，深入挖掘杭州城市水系的历史文化底蕴，多功能开发城市水岸，在加强钱塘江、京杭运河（杭州段）、西湖、西溪湿地、湘湖综合保护与治理的基础上，提出了"水循环正常，水安全保证，水文化丰富，水生态良好，水景观优美，水经济繁荣"的水环境发展总体目标[48]，从点、线、面三个层面构架杭州市城区水系"江河为轴，湖溪为核，五片十干，互联成网"的空间总体结构，从而确立了杭州从单条水系、单项治理，走向系统化、网络化的综合整治与保护开发战略（图 4-6）。

自"五水共导"、综合保护与开发的概念提出后，杭州迅速启动了下一层次的一系列重要工作，包括：一、慢行系统规划、

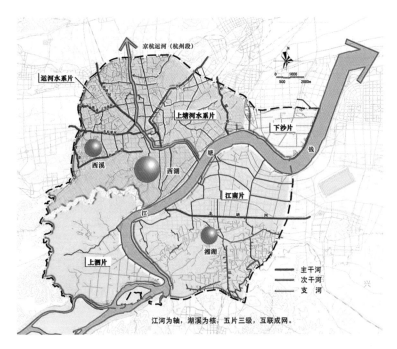

图 4-6　杭州城区水系结构图

资料来源：《杭州城区水系综合整治与保护开发规划》（杭州市城市规划设计研究院编制）

水上公共交通系统规划、引配水专项规划、河道长效管理规划等重点专项规划的编制工作；二、运河、中东河、上塘河、余杭塘河等重要河道的保护开发规划与实施工作；三、分区分片的大小支河系统整治与实施工程；四、小河直街、胜利河、五里塘河等滨河重要区域的整体保护业态更新发展建设工作。正是因为有了发展战略规划的总体指引，使得上述工作得以有计划、有步骤地顺利展开，并使杭州的"水城"特色发挥得淋漓尽致（图4-7）。

图4-7 杭州滨水慢行系统规划图
（杭州市城市规划设计研究院提供）

2）注重提升西湖、运河、钱塘江等重要滨水景观特色和文化内涵

杭州主城区以西湖、运河、钱塘江以及湘湖、西溪构筑起水网体系的主骨架，为此杭州一直高度重视对上述水体及滨水地区文化、景观特色的保护与挖掘。如在对京杭大运河实施保护性综合整治过程中，不仅对河道、堤岸、沿河绿化空间进行了系统的整治，还为了增加市民活动的"亲水"性而在原有堤坝基础上向水面外挑步行栈道，通过跨河设施改造使慢行交通下穿桥梁以达到人车分流、活动安全舒适的目的，沿岸设置体现地域文化和杭州特色的旅游码头并开通水上巴士和水上旅游服务等。更重要的是结合运河沿岸的综合整治，以运河为纽带，将沿岸小河直街、拱宸桥与运河文化广场、富义仓、胜利河、大兜路历史街区等有

特色的历史风貌地区、工业遗产区或片区中心区进行有机更新，通过保护文化节点、恢复历史环境、增设文化认知点、进行业态调整、强化市民生活休闲服务功能等一系列工作，使运河的河道整治与滨水地区的保护开发得到高度协调统一，社会、经济与环境效益得到综合提升。此外，杭州以启动西湖申请世界文化遗产为契机，自2003年开始连续七年实施了西湖综合保护工程，以西湖申请世界文化遗产为契机，在"保护西湖完整性和真实性"的前提下开展环湖整体景观环境优化，同时深入挖掘展示西湖文化遗产价值，使西湖成为世界文化景观宝库中熠熠生辉的一颗明珠。此外，杭州还先后挖掘与创新西溪文化，建成了全国第一个国家级的湿地公园；充分挖掘跨湖桥文化内涵重点建设了湘湖旅游度假区；结合新时期杭州城市发展，在钱塘江两岸着力塑造未来杭州新景观等。所有这一切的努力，使杭州暂且放下过往温婉娟秀的水乡气质，形成了契合新时期文化精神与城市发展脉络的舒展大气的水网格局（图4-8、图4-9）。

除了从建设角度对杭州城市景观进行一系列更新改造与环境提升工程实施项目，还站在城市景观保护与合理发展的角度启动了一系列景观控制规划编制工作，如通过开展钱塘江两岸城市景观规划重点处理好新城区建设与背景山体、钱塘江景观空间的关系，维持城市大山水格局；通过开展西溪湿地周边景观控制规划、建立湿地周边景观分析数字模型系统，有序保护西溪湿地特有的自然生态与环境尺度关系；通过研究"三面云山一面城"城湖空间格局关系，提出西湖东岸城市景观控制体系，结合环西湖地区数字模拟景观分析系统，实现对西湖东岸城市建设的景观监控和引导；此外还建立了运河两岸建筑色彩整治的数字模型等。自杭州以水为脉的景观控制体系逐渐完善后，使城市发展建设与自然环境景观保护的关系得到平衡（图4-10、图4-11）。

3）保护与延续古城水网格局，恢复历史风貌

杭州除了对城市大水网格局的系统保护与文化挖掘外，还注重对古城范围内水网格局的保护与延续。从现实的发展状况看，古城水网格局是快速城市化过程中破坏最为严重的部分，渗透于历史城区内的水网格局受到城市发展的严峻挑战，古城水系已近消失；同时历史城区又面临着人口密度、建筑密度大，空间使用强度高等现实问题。在当代城市街区内按照历史风貌恢复古城传统水网格局又谈何容易。但杭州并未因此而退缩，而是选择了一条可持续发展的方式，即以南宋时期杭州的水网格局为蓝本，拓扑到当前城市现状中并做适当调整控制，未来将结合城市的有机

拱宸桥畔新建茶楼

小河公园

运河文化广场

小河直街

西湖文化广场

昆山公园

图4-8 经过综合保护与开发的运河两岸景观

图4-9 2003～2008年连续七年实施的西湖综合保护工程

图 4-10　杭州市钱塘江两岸景观规
划设计 – 两岸景观廊道空间控制图

图 4-11　杭州对西溪湿地公园周
边地区的视线景观控制要求

更新逐步恢复历史水网格局。同时结合古城水网恢复，采用现代声、光、电等技术手段，将无法再现或恢复的历史以现代独特的技术手段予以弘扬，力求展示一处融合了传统与现代的新时期"清明上河图"。

在古城水网格局保护研究的基础上，杭州先期对现有河道如中、东河进行了景观提升，与运河贯通并发展水上慢行、水上旅游，沿河两岸进行景观整理并增加文化展示力度，增加市民游憩功能等，使城市滨水地区再次回到普通市民的生活中，成为市民锻炼、休憩、交流的主要场所（图4-12、图4-13）。

图4-12　东河今昔

图4-13　河坊街东段恢复古清湖河，迈出再现古城水系的第一步

4）形成以河促发展的项目建设思路，推动滨水地区特色景观建设

历史上水运交通的兴盛促进了滨水地区的繁华兴盛、商贾云集。今天尽管水运功能彻底消失，但扎根于江南水乡居者内心的那种择水而居的冲动却丝毫未减弱。随着改革开放后政府致力于对水环境、水景观和水生态的不断治理改造，滨水地区成为公众休闲活动、环境优美的绿色长廊。滨水空间不但成为服务广大公众的开放空间，更促进了其周边土地价值的提升。20世纪九十年代至21世纪初，随着房地产市场的开放和政府土

地财政的影响，滨水地区土地价值大大攀升不可同日而语。但同时却带来滨水空间被私有化占用的问题。为此杭州在水系综合治理的同时，以"还河（湖）于民"为根本，严格控制滨水地区的私有化开发，鼓励公共服务设施建设，带动滨水历史文化街区保护性建设，如结合运河整治先后带动了胜利河美食街、大兜路历史街区综合保护、小河直街历史街区综合保护等项目实施，使杭州的滨水地区真正成为市民活动、商业娱乐、文化休闲的公共场所（图4-14）。

昔日的小河直街

今日的小河直街

图4-14 昔日没落的滨水地区再现繁华景象——经过保护更新的小河直街历史街区

5）构建生态景观廊道，编织绿色网络

在城市规模扩张不可避免的情况下，杭州一方面结合山、水、城大山水景观格局提出了以六条生态带划分城市结构、形成城市组团式发展的思路，避免城市摊大饼式的无序建设。同时通过将城郊自然田园基质一并纳入生态带控制发展的方式，避免城郊再次出现过去那种"城市边缘城市化、城市边界模糊、自然文化肌理受到发展冲击"的现象，促进自然生态与社会生态的和谐共生。而在城区内部，结合水网编织绿脉，从而牢固的构筑起杭州的生态绿化保护屏障和自然景观特色基础。

4.1.3 道路街巷——现代功能与人文精神的双重演绎

进入工业文明时期，城市道路逐渐取代了"水路"而承担起运输、交通联络的功能，显然我们无法像对"水体"风貌一样来对待道路，我们不能忽视它的交通功能而单独谈景观、说文化；同时，车水马龙的道路引来了熙攘的人群，道路景观不可回避的成为人们在穿行城市过程中感受城市风貌、体味城市气质的重要途径。因此，道路街巷必然的成为了现代功能与人文精神双重演绎的流动舞台。

1. 杭州街巷空间发展蕴含了杭州的人文精神气质

以南宋时期为代表的杭州城市是中国古代哲学观、美学价值观的全方面体现。南宋临安城并未如隋唐长安城、东都洛阳城等从局部到整体均遵循《周礼·考工记》的建城主导思想，而是继承了隋唐以来"南宫北市"的传统城市格局，借助自然山水之势、顺应自然地理条件使城市呈现平面不规整的形式，但其宫城部分仍遵守了规整、严谨的建城理念，在整体布局中仍遵循了前朝后市的布局意向，并形成了一条连接南北的城市"中轴线"，使原本自然的城市形态增添了结构严谨、主次分明、有条不紊的唯理性气质。这种开放的城址布局思想衍生在街巷空间布局上，一方面则是将旧的封闭式街坊取消，采用了开放型、分地段组织聚居的坊巷制来规划城市的居住区；另一方面顺应自然山、水，在保持严谨棋盘格局基础上曲折变化，反映了道家崇尚自然和谐的宇宙观与堪舆风水、严谨的"礼制"营国方式的有机结合。

另外，从杭州道路街巷的历史空间尺度分析中，我们不难发现它与其他江南水乡城市的不同之处。作为南宋时期的皇城，杭州在街道尺度上不仅有滨水致密建筑空间围合的窄长的街巷空间，如小河直街；也有坊巷体制下遗留的"巷道"空间，如大井巷地区；更有深具南宋遗风、皇朝气质的开放街巷，如中山中路御街。宽窄不同、尺度丰富的街巷纵横交错，编织出杭州独特的城市空间肌理。

2. 重拾历史碎片，展现时代人文精神

那些记录了杭州城市发展印记的历史街巷与城市本身一起经历着荣辱兴衰，从小到大，从窄到宽，从有到无，无声地展示着这座城市所发生的变革。所幸的是，杭州的道路街巷未如古城河道水系般大部分觅无踪影，历史的街巷格局骨架基本保持完好。但是，在快速城市化发展过程中他们受到更为严峻的冲击：随着城市道路交通功能的加强直至不堪重负、出现交通问题，城市在疲于解决停车难、行车难的过程中，过于关注道路功能而忽视了原有街道所承载的历史人文，使历史街巷空间出现了不可避免的失落传统街巷空间尺度失控、一些特色支小路取消的同时一些特色道路被无限制拓宽，甚至于在盲目求大、求"现代化"的西方表象文化精神指引下街道和两侧城市开发均向着超尺度的方向发展等等。可以说，杭州历史街巷空间尺度所发生的改变，其实质是人们对杭州传统文化价值和审美观的摒弃，反映了城市建设者、管理者和使用者对城市精神的再认识。

因此，当21世纪初杭州重新审视道路街巷空间的未来发展时，首先需要树立的是符合当代的人文精神和美学价值，探讨如何在满足现代城市功能的前提下彰显内在的文化气质。不可否认，在今天的政治、经济和社会发展体制下，由政府主导的道路街巷建设、改造或整治均带有一定的功利思想。如杭州2000年前后所开展的城区主要道路整治工作，受到起源于芝加哥的城市美化运动的影响，它虽带有美化城市环境的目的，但更主要的是城市管理者为了急于摆脱"美丽的杭州，破烂的城市"面貌，表达城市财富、"打造"城市形象、体现政府政绩的重要内容，其客观现实是以"城市美容"的建设方式抹杀了城市原有时代变迁的痕迹。在这种道路整治工程的影响下，许多道路上的车行道一拓再拓，人行道越变越窄，茂密的行道绿化被砍光，城市记忆在"现代化"的行进过程中被无情的淹没。

但是，杭州从2005年开始逐步看到了以往城市建设中忽视传统、漠视历史的各种问题，在以生活品质为建设目标的新时代人文精神影响下，开始关注城市历史变化的轨迹，关注城市应有的历史记忆。为此，在以后所开展的各类道路建设中，开始注重道路现代功能与人文精神的双重演绎。一方面强化道路级配，结合城市快速发展需要大力发展城市主、次干路和快速路网络，以承担城市交通功能为主；另一方面关注城市毛细血管——背街小

巷的改善和历史"重现",注重文化引导、特色保护和空间尺度控制。在最近五年的时间里,通过重新梳理完善道路街巷体系,形成了以历史文化街巷有机更新为带动,背街小巷整治与文化景观提升为补充,促进体现时代文化意象的商业特色街区发展的整体新格局。具体来说:

1) 注重历史文化街巷空间的保护与有机更新

杭州以历史保存相对完整的御街和清河坊地区为核心,先后对中山中路历史文化街区、中山南路、河坊街、大井巷地区开展了有机更新。一方面通过建筑风貌格局、建筑风格和地面铺装、色彩等物质空间建设以保护并维持传统街巷空间尺度和历史氛围,另一方面结合城市旅游和公众休闲、文化、商业的发展需要,赋予空间以新的使用功能,做到传统空间形式与现代发展兼容并蓄。

以中山中路历史文化街区的保护与更新项目实施来说,中山中路在历史上曾经是南宋时期的御街,当时南宋都城的中轴线,控制着整座城市的结构,并成就了其历史地位的第一个高峰;民国时期随着西湖城墙逐步拆除、"城湖合璧"后城市商业和文化中心向西湖转移,并于1928年经"御街"至湖墅修筑宽约10米的江墅路,而使"御街"迎来其"复兴时代",并出现了一批西式样房和中西混合建筑,道路两旁汇聚的银行、钱庄、百货、药局、书局各业兴旺,繁华一时,而这种繁华一直持续到20世纪90年代。然而此后,随着大规模旧城改造实施、城市发展重心的西移、北移,中山中路迅速走向失落,表现在历史风貌和地方性特征渐失,邻里结构和市井关系遭到冲击,新建建筑的材料、类型、尺度和城市肌理混乱,产业结构老化,商业价值整体衰落,业态资源流失严重等很多问题。更为严重的是,社区精神和文化认同性减弱,相应的社区生活凝聚力和归属感下降,社会生活的组织性的丧失使民间风俗传统失去了构造基础。但尽管如此,历经近千年沧桑巨变的中山中路,仍有大量的老字号、历史建筑依稀宣告着它昔日的辉煌。2007年,为了重现中山中路厚重的历史文化和繁华的商业景象,重塑杭州人文传统、复兴老城核心街区,杭州市先后委托同济大学编制了《中山中路历史保护规划》和《杭州市中山路历史街区城市设计》,并最终确定由中国美术学院担纲本道路综合保护与有机更新项目的策划、设计工作。在综合保护与有机更新思想的指导下,中山路被定位为宜居、宜商、宜游"杭州历史人文第一街、杭州市井生态家园街、杭州业态发展品牌街和杭州品质生活展示街",一个活态的建筑历史博物馆。

今天，中山中路已经按照规划目标实施完成，随着业态逐步调整到位，那些有着百年悠久历史的老字号与时尚商业并存着，斑驳的老墙边伫立着新住宅小区，间或有一群雕塑、一座小亭或一处碑文述说着老街的过往，它们如此和谐地统一在一条千年老街上，成为杭州"小桥流水"、空间意向特点和市井生活的缩影（图4-15）。

图4-15　南宋御街的昔日繁华与今朝景象

2）全面开展背街小巷的文化景观与功能提升

这里留下了很多人童年的欢笑，这里埋藏着一段鲜为人知的历史，一条条背街小巷，记述着它的发展和过去，也记述着生活在这里的人们的点点滴滴。然而，正是这些充满着人情韵味、历史痕迹的小巷，却往往被遗忘，被岁月磨砺地日渐衰落，成为城市中被遗忘的角落，就像一位岁月无情的将皱纹爬上脸庞的老人，显得越发破旧、凌乱。

那些散落于城市各角落、贴近居民生活的背街小巷，是杭州最本土、最朴实的记忆载体。然而随着城市现代化发展，它们却成为环境质量最差的地区。为了找回原来的那份情感，把他重新拉回到城市的轨迹上，我们再一次细细品味、慢慢回味，希望为每一条背街小巷赋予新的生活内涵的同时，再次唤起人们对往昔的回忆，对历史的记忆。为此，杭州从 2005 年开始实施了背街小巷改善与美化整治工程。与以往的道路整治相区别，其最大的转变在于对功能和文化景观的双重关注。一方面为解决附近居民停车难、行车难的问题，通过适当拓宽道路和环境整理，通过组织单行线、划分固定停车点缓解交通问题、疏通毛细血管；另一方面则深入挖掘整理历史文化碎片，将历史信息通过文字、公共艺术品、街道家具、围墙等各种方式传递出来，使文化环境得到升华。

按照时任省委常委、市委书记王国平的话说："背街小巷虽小，但关系着老百姓的日常生产生活，联系着千家万户老百姓的心，体现着千家万户老百姓的切身利益。"因此这首先是一项容纳了道路平整、排水设施改造、立面整治、绿化、照明设施、上改下、拆违、交通改造、增设公厕、完善服务功能等十大改善内容，以民为本、以民为先的民生工程。除此之外，管理部门还提出了系统性原则和特色性原则，要求各城区在设计、建设过程中，应结合市民需求，进行系统设计和建设，做到"带一把、跨一步"，力争让广大群众满意；在设计上应因地制宜，努力体现各自特色，属于历史文化保护的街区，要把保护和挖掘历史文化内涵与背街小巷改善有机结合起来，并严格按照《杭州市历史街区和历史建筑保护办法》的要求进行改善。正是在这种原则指导下，仅 2005 年全市就实施了 300 余条背街小巷。以下城区背街小巷实施为例，2005 年下城区确定了 23 条特色类背街小巷，要求重在挖掘特色，通过收集淹没于小巷深处的古老传说和人文掌故并展示街巷的历史人文，如万寿亭街因公元 1689 年康熙帝南巡杭州此地, 诏蠲（捐音）今年田租，赐八十以上粟帛，七十以上免本身徭役……万民高呼，建亭以祝无疆之寿而得名。在它的整治中，一方面拆除部分破旧零星花坛、围墙和路边障碍物，新设个别新颖的小花坛；实施"上改下"，将 10 根电线杆埋入地下；路灯设计成具有特色的街灯，重新设计沿街店牌店招等功能性改善实施。另一方面还结合围墙、转角绿地、小品来"突出万寿亭元素"（图 4-16）。

3）以商业特色街区构筑特色产业文化新格局

随着杭州经济社会发展，一些新兴的文化产业开始崭露头角并激发出强劲的后势，如杭派女装文化、餐饮文化、汽车文化等。同时这些文化产业发展的最初载体恰恰是街道，并经过了自发形

图4-16　万寿亭街上的"万寿亭"
和刻在围墙上介绍小巷由来的碑文

成到发展壮大再到政府培育逐步走向成熟的过程。因此，杭州结合生活品质之城的建设还将发展的重心放在商业特色街区风貌提升上，促进他们成为杭州城市旅游和文化产业发展的新热点。如先后对武林路、南山路、四季青等九条发展成熟的商业特色街区提出提升发展要求，培育创意产业文化等。

下面以杭州武林路时尚女装街的发展与引导培育为例，说明特色文化产业空间从形成到政府引导并逐渐走向成熟的互动过程。

武林路时尚女装街位于杭州市中心的繁华地段，其东侧与武林商圈核心——武林广场及延安路商业中心相邻，西经龙游路和教场路与美丽的西子湖畔贯通，南端与湖滨商贸旅游区相接，其发展大致经历了草创、创建和提升三个阶段：20世纪90年代中期，凭借武林商圈迅速发展和商圈边缘租金相对较低的优势，学院派服装设计师开始落户武林路，并在市场经济促动下开始自我萌芽发展，孕育并带动了一批杭州本土服装品牌，如浪漫一身、江南布衣等，奠定了武林路女装街发展的基础和环境氛围。2002年1月，在杭州市委市政府提出"中国女装之都"目标指引下，下城区开始着力打造武林路，并迅速启动一期改造工程，同年10月中旬竣工开街。2003年3月，武林路二期改造工程上马，涉及道路贯通与拓宽改造、街景整治等内容，有效地扩大了街区规模，体现出"美化、洁化、亮化"特色，更重要的是打通了武林路与西湖、湖滨商贸旅游区的通道，增强了人流、物流的集聚功能。2004年，武林路时尚女装街以完善街区功能为目标，再次提升武林路的整体形象。如在武林路龙游路口增加了休闲吧和休闲长廊，在武林路的四大入口处设置"四国语标识"，在各商家安装POS机，启动鲜花景观工程等，使整个武林路街容街貌焕然一新，实现了女装成景、佳丽如云、鲜花如潮的良性互动（图4-17）。

图 4-17 经过政府创建与提升的
武林路时尚女装街

　　武林路近十年的发展过程折射出整个杭州经济社会环境的变化，商业环境的蓬勃发展。从外部因素看，随着杭州城市综合实力的提高，人们的消费理念与消费结构所发生变化已经折射到街区的发展历程中；而随着城市规模扩大，杭州的城市商业中心从解放路一带北移至武林广场，并形成了以武林商圈、湖滨商圈、吴山商圈为核心、以特色街为辅的多中心、多维度的商业结构更刺激了武林路的发展；同时杭州本土女装产业的蓬勃发展，"杭派"服饰作为一个"品牌"逐渐成熟，推动了武林路的发展壮大并成为杭州女装市场发展的主导力量。反观内部因素，正是 20 世纪 90 年代武林路周边较高的公共交通服务水平为地区带来人气，而武林路两边东西向住宅底层空间的小规模、业态调整灵活性和低租金适应了街区发展之初品牌创建时的需要。

　　但是，今天的武林路仍在功能业态、交通组织、空间与景观风貌方面面临着诸多发展瓶颈。如何突出重围、化解困难？2008 年开始，武林路时尚女装街管委会与市规划局牵头，开始了新一轮女装街发展计划的拟定工作，组织编制了《杭州市商业特色街试点规划——武林路》项目。在该规划中，管委会从整体运作和管理实施的角度出发，提出了产业更新与业态调整，空间景观与环境品质优化，围绕广告、色彩、公共艺术进行品牌化运作，商业街步行化等系列提升要求，而规划中则紧紧围绕做大做强"女装"产业文化，为"女性"服务这一宗旨，以武林路现有服饰、美容美发等商业业态为基础，结合临安里等历史街区更新和群艺馆等建筑使用用途转变，并从推动楼宇经济发展角度，引导品牌创新、研发、展示、交流、创业、交流、养生、教育培训、个性定制等，全方位拓展与女性生活、健康、养生、心理相关的业态，打响"女性服务"牌；同时在形象细节上也相当注重体现女性特点，如LOGO以最能体现女人妩媚动人的玫红色圆点巧妙组成意向的"女"字；以季节性多变、跃动的装饰色彩运用强调女性生活的多姿多彩；以活力女性、时尚女性和印象西子为公共艺术设计定位突出时尚、杭州特征，紧扣女性主题；在步行空间设计时充分考虑女性购物的行为习惯等，将延伸到色彩、广告、街道指示牌、地面铺装、街道家具小品等各个细节中（图 4-18）。

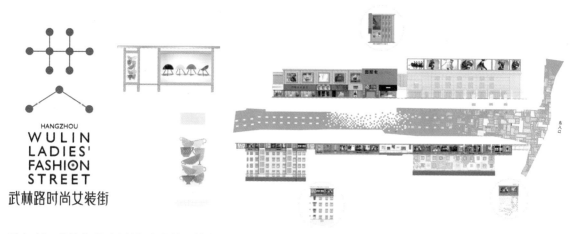

图 4-18　处处体现"女性"文化的武林路空间细部设计

可以看出，正是因为成立了由政府牵头的管委会，强化了组织与制度建设、加强宣传等，才使武林路商业街区向着规范化、体系化方向发展，在国内的知名度大大提升。

总体来说，尽管目前杭州在道路街巷改造的同时重拾历史碎片、重塑文化精神，付出了很大的努力，但仍显不足。我们不能仅以地名作为街巷空间对传统和历史发展的唯一记忆，更要小心维护那些承载着过去、诉说着现在的街道空间尺度和人文气质，与构成街道界面的两侧开发建设项目联动起来，随着历史城区范围内的有机更新不断深入，避免因地块建设而破坏历史空间肌理，必须谨慎处理好新旧建筑界面的内在联系，才能使街道所承载的内在精神得到保持并升华。

4.1.4 建筑环境——地方特色与时代特征的有机结合

对城市来说，建筑是容纳时代记忆的容器、传达地方文化的载体。一座有历史或有魅力的城市，一定是由一批同时期有代表性的建筑群体，或展示了不同时期文化特征的群体所构成的。如曼哈顿反应了人们对现代建筑的追求，是美国文化追求的表现；而巴黎所体现的是中世纪欧洲的文化繁荣与多元的建筑艺术等。同时，建筑也是最能表达大众美学的产品，不同时期人们对美、对文化精神的追求不同，其建筑风貌也大相径庭。因此，在快速城市化、城市建设大规模进行、新区遍地开花的背景下，在人们审美标准指向大体趋同的情况下，大量集中建设的城市建筑群体构成了当前城市景观的主体，从而使人们直接感受到"千城一面"的城市景观。对于杭州来说，当我们置身于西湖，回望城市的时候，城市只是西湖文化景观中的一部分，我们尚能感受到城景相依的景观特色。但当我们身处城市时，大部分人是通过建筑和由建筑组群形成的不同空间形式来感受城市魅力的，是最直接反应地方特色的建筑环境（图 4-19、图 4-20）。

建筑与街道、水网均不同，城市管理者、建筑营造者（开发商）甚至市民的美学价值均对建筑形式、风格产生影响。换言之，它是当前接受美学的最直接反应。而社会经济环境又直接影响了公众的美学价值观。因此，在我们不能改变大多数人的审美取向时，根本无从改变建筑所传达的整体空间意象。在未来相当长的

图 4-19　运河岸城市新姿（代表 20 世纪末城市景观审美）

时期内，以钢筋、水泥所构筑起的高楼大厦仍是当下中国时代精神的象征。从这种意义上讲，杭州在对建筑环境风貌的整体把控上必须认清一个事实，明确什么是必须严格控制与保护的，什么是无法调控任由发展的。

图 4-20 杭州近年新建筑风貌（位于钱塘江边的国际会议中心）

总体来说，对于在历史城区的保护和传统街巷更新过程中，那些体现杭州传统城市人文特色的建筑及其周边环境必须小心维护、严格控制；在新区开发中，则应适当放开对新建筑形式的调控，强调新材料、新产品与新形象，迎合市民对西方文化的期盼和经济发展后的愿望。此外，尤为重要的是需要谨慎对待历史建筑周围、历史地段内新老建筑的协调，对新建建筑尺度、体量和风格的控制。

4.1.5 小 结

本章中，本书基本围绕杭州而展开，对杭州在 21 世纪开始的十年间所进行的城市文化审美价值重塑及在此基础上所进行的城市特色实践进行了系统总结。正如本章开头所言，之所以选择杭州，完全是考虑其城市文化从趋同到存异的过程在全国具有典型性和示范性。杭州不仅是浙江的，也是全国的，她的城市性质中既包含了历史文化名城，又是风景旅游城市，还是长江三角洲南翼的重要中心城市，因此其在城市经济社会发展过程中不仅要考虑自然环境特色，也要研究城市的人文发展脉络，更要关注城市发展的历史性、延续性和可持续性，所涉及的内容相当全面。

同时，在 20 世纪改革开放后，杭州城市所经历的城市文化迷失，大规模旧城改造过程中对历史肌理的推倒重来，城市新区开发和新城建设过程中对西方理论的盲目引介等，这些造成城市特色趋同的主要历程，她都直接经历，甚至矛盾更为突出。直至21世纪初开始的十年间，在国内重视城市文化与精神价值思潮，关注城市特色延续的大背景下，杭州开始了系统的城市特色实践。放在今天来看，杭州大山水城市特色的保持与发展格局最终确立，并得到国内外的瞩目，其实践效果是显著的。正是在这种背景下，本书在第4章着重研究了杭州，并对21世纪初开始的城市特色实践经验进行了总结，希望抛砖引玉引起国内其他城市的关注与借鉴。

通过杭州城市意向重塑过程的深入剖析，本书认为在快速城市化发展背景下，在城市建设过程中，需要重点关注以下几方面，才能避免城市景观趋同，保护并延续城市特色：

1）需要建立清晰的城市文化核心价值体系。追溯中国五千年文明史和城市发展史，我们可以轻易地发现，城市物质形象的形成源于人类精神文化的进步和制度文化的更迭。而党的十七届六中全会也明确提出了"文化淬炼时代精神文化引领时代发展"的新时期城市建设要求。在这种背景下，发现一个城市的文化历史脉络，并在此基础上建立核心文化价值，引领新时期对城市文化认同是相当重要的。如杭州在近五年的城市发展过程中，全面围绕构建生活品质之城这一核心价值体系，形成了凝聚全社会力量的城市文化精神认同，推动了城市特色的保持与更深入挖掘。今天的杭州仍在努力深化完善着自身文化精髓，梳理核心价值要素，为下一步城市发展给与更明确的指引。

2）需要构建完整的城市总体景观意象系统，包括自然与景观系统和城市文脉发展系统，找到城市的 DNA 遗传密码。在城市文化核心价值体系的指引下，城市的总体发展必须有明确的目标和结构，保证城市不因空间规模的发展而失去其应有的特色。如杭州山水城空间系统，"三面云山一面城"的历史城区空间意象等，是城市的总体发展结构，从历史到现在，从未因战争或动乱而受到影响。正是因为城市发展中因循了总体意象不变的理念，才使得杭州城市特色得以延续，即使在一定历史时期受到文化迷失的影响，也有未来弥补和修复的可能。

3）需要牢牢抓住城市核心特色构成要素，开展系统的保护性整治与开发，切忌误入城市美化运动的误区，重蹈过去十年的覆辙。在城市空间景观改善，道路，河道等各项建设过程中，都应紧紧围绕城市文化特色的复兴而展开。同时，面对国内经常实施的各类整治工程，本书认为应建立系统发展观，围绕核心特色要素深入开展建设。

4）循序渐进，避免急功近利的政绩工程。当前国内的社会体系和政治体制决定了各级政府领导在城市发展中的决定性主导作用。因此政府管理者对城市建设方式的认识相当重要，曾经推倒重来式，高楼林立现代化式的快餐式发展已使我们吃尽了苦头。

总之，城市文化审美价值和总体城市意象结构确立是保持城市特色延续发展的基础，也是根本。采取循序渐进，目标明确，围绕城市核心特色要素开展城市建设则是保持城市特色的有效途径。而在城市整体运作过程中，城市规划和政府长效管理机制则是城市特色落实的重要手段。因此，本书以下内容将重点围绕两者展开更深入论述。

4.2 城市规划主导文化价值重塑下的城市景观特色延续

4.2.1 概 述

整体来看，杭州今天能够形成山水城相依的大山水格局，是与历轮城市总体规划对宏观整体空间意向进行长期控制无法分开的。特别是 2007 年最新一轮城市总体规划获得国务院批复后，杭州未来城市景观架构更加明晰。在此基础上，为了继续保持"三面云山一面城"的景观特色，勾勒"一江春水穿城过"的杭州城市新形象，杭州以重要的城市水体景观为切入点提出了城市景观规划的核心架构体系，先后组织编制了《西湖东岸城市景观提升工程规划》、《钱塘江两岸城市景观规划》、《运河综合整治与保护开发规划》、《西溪湿地周边景观控制规划》等。同时为了增强对杭州传统文化的共识，近年来又重点开展了南宋皇城大遗址规划设计导则研究，以期强化对历史城区传统空间的保护和有机更新。

回顾改革开放后杭州在城市景观规划的发展历程，从中我们发现其从文化迷失到重拾文化碎片、再到重塑文化精神过程，以及从单纯的功能规划、物质空间规划到发展型规划、文化引领型规划的裂变。与以往的规划相比，当前规划在构筑城市景观物质环境引导的过程中，着重于地方人文环境特色和历史空间的研究，力求做到城市景观在文化价值引导下的有序发展。

在杭州城市从宏观、中观到微观的城市意象空间重塑过程中，规划一直发挥着理念引领的作用，规划思想最直接的折射出政府、规划管理者和规划设计人员这些主导城市景观特色的人所具有的审美价值。可以说，杭州城市景观发展的过程中伴随着城市规划对城市文化认知的不断加深。总结以往的经验，城市规划也正在从单纯的物质空间规划的迷惘中走出来，以更加理性的、具有历史观、整体观和发展观的思路为引领，走向系统规划的新思路。可以看见，今天我们无论是面对西湖、运河、钱塘江，还是西溪、中东河以及中山路历史文化街区的保护更新，其规划都以研究其既有历史和当下的文化精神脉络为根基，涉及系统性的景观控制思路和方法。本章着重以杭州目前在西湖文化景观和西湖东岸城市空间关系研究的相关规划为例，阐述城市规划主导的文化价值重塑下的景观特色延续新思路；同时以新城开发建设中的传统文化迷失、时代文化精神崛起为案例，探讨在当前时代背景下新城文化价值的未来发展。

4.2.2　以审美价值重塑引领的城湖空间景观规划

"杭州之有西湖，如人之有眉目"——正如苏东坡所言，西湖对于杭州来说，不但见证并带动了城市的发展，更是杭州山水景观格局的重要组成部分，并促进了"三面云山一面城，一城山色半城湖"这种独特景观风貌的形成。而反观杭州 2200 多年的建城史，杭州倚湖而兴、因湖而名、以湖为魂的发展历程清晰可见。西湖与杭州从相互分离到唇齿相依，现有城市格局的形成与西湖之间有着深层次内在的空间关系：隋唐时期奠定了杭州城市景观风貌与城市格局的基础，南宋时期则因西湖风景游赏的兴盛和建都于凤凰山麓而使杭州成为经济发达并兼具山水之美的风景城市；而到 21 世纪初拆除长期以来西湖与城市之间的城墙后，彻底改变了自隋代以来就把西湖摒于城外的布局，城市景观与西湖景观达到了和谐共生、交融一体的新境界。但同时，两者之间不仅表现为外在的景观联系、空间依存关系和功能互补关系，其内在的文化关联性更是影响西湖与城市形成、发展的决定推动力。因此，西湖文化景观所蕴含的精神文化、审美价值以及文化景观要素分析为切入点，以西湖与杭州城市之间的历史空间关系为基础，结合西湖东岸城市的现实发展背景与条件，从尊重城市自身发展规律和中国古典山水美学的角度才能真正找到城湖空间格局控制的思路、手段和方法（图 4-21）。

杭州对城湖空间关系的控制研究起步于 20 世纪 80 年代末，随着城市向高层化、规模化的快速扩张，湖东城市景观不断"长高"，而引发了各界对城湖空间关系的重视。然而在以往的城湖空间格局控制研究中，往往抛开城与湖两者的历史发展脉络和文化关联，从物质景观和视线关系的角度提出控制要求。尽管在过去的三十年间对城湖空间发展起到了限制作用，但实际上缺少深层次的文化支撑（图 4-22～图 4-24）。

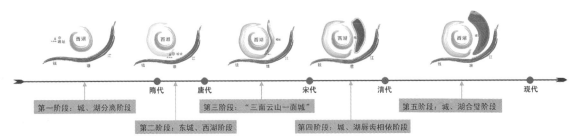

图 4-21　杭州城湖空间关系发展与演变示意

图 4-22　20 世纪 80 年代末，西湖东岸出现了高层建筑

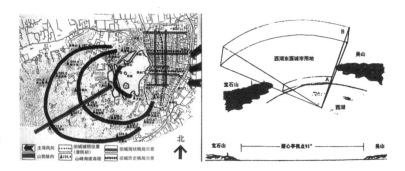

图 4-23　20 世纪 90 年代初开展的各类西湖东岸城市景观控制研究

图 4-24　20 世纪 90 年代初采用的照片分析＋透视计算法进行西湖景观分析

地块界面高度：
H=9×1900/50=20m
45m建筑高度照片透视高度：
h=45×850/1900=20.0mm
50m建筑高度照片透视高度：
h=50×850/1900=22.4mm
55m建筑高度照片透视高度：
h=55×850/1900=24.6mm
60m建筑高度照片透视高度：
h=60×850/1900=26.8mm
视向宽度控制：
W=12×1900/850=27m

因此，随着西湖文化景观列入世界文化遗产，转换视角重新认识城湖空间发展的内在关系，从中寻求以文化关联为根基的控制理论基础显得尤为重要和迫切。一方面，作为西湖文化景观遗产的组成部分，湖东城市理应承载西湖文化独特性传承之重任。因此，需要透过西湖文化景观构成要素的景观独特性和文化特征，对东岸城市景观提出要求。另一方面，城市本身就是一个生命有机体，有着自身的发展规律并随着经济、社会、文化的发展而演变。因此，不能仅从西湖的角度看城市，还应立足于杭州城市、特别是老城区的历史沿革与文化特色，以西湖文化景观保护为契机，使城区的历史风貌得到更好的延续与发展。只有从西湖文化景观和城市发展两个角度出发，对湖东城市的景观格局和风貌特色进行深入研究与探讨，才能找到适宜的城湖空间格局控制方法。

1. 寻找西湖文化对城市景观的审美核心

1) 西湖景观演变与文化推动

杭州西湖文化景观肇始于9世纪，成形于13世纪，兴盛于18世纪，由真实、完整地保存至今的西湖自然山水、城湖空间特征、景观整体格局、系列题名景观"西湖十景"、西湖文化史迹和西湖特色植物共六种类型的景观要素组成，是自9世纪以来中国历代文化精英秉承"天人合一"哲理、持续性创造与设计的中国山水美学景观设计最经典作品；是利用古潟湖创造优雅景观、显著改善人居环境的杰出范例；并因集中融汇和吸附了多种中国传统文化，成为景观元素特别丰富与独特、文化含量特别厚重的东方"文化名湖"。在9～20世纪世界景观设计史和与之关联的文化交流史上拥有杰出、重要的地位和持久、广泛的影响。

"西湖景观"始于唐代白居易和北宋苏轼的开创和营造。后经由1000多年来西湖疏浚工程与景观设计之间的持续互动，逐渐积淀了丰厚的中国传统文化各种要素，承载了中国传统文人人格象征，拥有显著而持续的审美享受、陶冶心性、寄托情感的精神"栖居"功能，体现了中国农耕文明发达时期文人士夫在景观设计上的创造性精神，成为中国传统文人典型的"精神家园"。

在西湖的发展演变过程中，大致可分为六个阶段：

（1）唐宋初创阶段

自唐代白居易约823年筑堤、至清代阮元1809年筑阮公墩，形成了"两堤三岛"景观格局，奠定了西湖景观历经千年传承至今的人与自然在物质与精神双重层面和谐互动的特性；而随着唐代白居易、宋代苏轼的文学作品传播至日本和朝鲜半岛之后，西湖景观作为一种文化时尚在东亚获得流传，影响至文学、绘画、造园等东亚文化艺术领域。

五代吴越国时期，由于极力崇佛，使得西湖周边大力兴建寺庙塔观等佛教建筑、成为"东南佛国"的胜地，赋予了西湖景观浓郁的中国崇佛文化传统；而自北宋林逋隐居西湖、并以其一生的行为风格成为隐士名流代表人物，使西湖景观具备了中国隐逸文化的传统和象征意义；后在16世纪的朝鲜半岛获得广泛推崇。

北宋高僧辩才于风篁岭下广种山茶、交友参禅，形成中国茶禅文化传统的早期活动，并最终因西湖龙井茶在明、清之后发展成为中国绿茶之首而获得弘扬。

（2）南宋成型阶段

自宋以降形成"三面云山一面城"的城湖关系、并维系至今；特别是南宋1138年定都杭州，全国政治文化中心南移，遂使西湖景观成为文人、画家的情感与艺术活动重点，促成西湖景观在人与自然在精神层面的互动达到高潮；特别是南宋时期承袭北宋山水画论、创造了以四季景物为观赏特性的"题名景观"经典之作"西湖十景"，并以宋代诗词艺术蕴育了东方景观艺术审美情趣"诗情画意"，标志了西湖景观已具备显著的文化景观价值。同时南宋忠孝文化的楷模岳飞墓（庙）在西湖北岸得以修建、并在明代经于谦、张苍水传承而形成"西湖三杰"，便使得风光旖旎的西湖景观拥有了中国传统的忠孝文化的厚重色彩。

（3）元代维系阶段

元代（1271～1368年），蒙古统治者认为南宋朝廷过于沉浸在西湖山水的美好享受中，导致了国家的败亡，因此视西湖为祸国尤物，对之"废而不治"。在此背景下，西湖景观依然发挥着精神家园的作用，成为文化人寄托复杂的思想情感、享受精神审美的场所。不少当时的著名文人撰写作品，追思南宋西湖十景，并在此基础上题名"钱塘十景"。

元代至元年间（1282～1291年），在灵隐飞来峰一带开凿了一批藏传佛教式样的石刻造像，其数量与规模堪称同期全国之最，是我国南方石刻造像的艺术瑰宝，也是西湖景观的一笔重彩。

（4）明代复兴阶段

明代（1368～1644年）的文化发展具有强烈的"唐宋文化复兴"倾向，由南宋成型的西湖景观因此再次受到文人和画家的关注，相关的治理和诗文活动逐渐兴起，对西湖景观的设计营造和文化内涵阐释逐渐复苏到原有的水平。在明代修建的西湖景观主要有：三潭印月、小瀛洲、湖心亭、锦带桥等。

自南宋、明代两次兴起的东亚文化交流高潮中，浙江作为重点交流活动地带，使得西湖景观自唐与北宋之后在朝鲜半岛和日本再次获得传播高潮，成为文化交流的重要题材之一。

(5) 清代鼎盛阶段

自清代康熙皇帝第一次巡视杭州之后，就将西湖景观视作皇家园林的设计楷模之一，经三代帝王近100年的大力实践，对18－19世纪的中国皇家园林形成显著的、直接的影响。此后，清代乾隆皇帝18世纪敕建《四库全书》藏书楼"文澜阁"，使得西湖景观承载了中国传统的藏书文化，蕴含了江南"人文渊薮"的地方文化特色；

此外，自元、明、清一脉发展的中国经典爱情传说《白蛇传》和《梁山伯与祝英台》，因以西湖景观为故事发生场所，遂使西湖景观在中国传统文化中获得广泛流传；特别是其中的雷峰塔遗址，至今仍是人们祈求爱情的象征场所。

2) 西湖景观的文化追求

从西湖文化景观的发展演变过程中，文化的影响与推动是不可忽视的力量。同时，作为中国传统山水美学的典范之作，西湖景观的文化特点在于诠释和传承了中国古代认识论和价值观。

首先，"西湖景观"在其几百年的形成与发展过程中，充分表现出"天人合一"思想从认识论到价值观双方面的影响。从题名景观的四字景目、林逋所代表的隐逸文化、辩才创立的龙井茶禅文化以及"诗情画意"的审美情趣等方面都体现出一种明确的倾向——在对"西湖景观"的观赏或行旅、住居活动中，通过追求认识主体与客体的融合，即"情景交融"或"心性修炼"，达到人与自然的某种统一和谐的"意象"（Image）或"灵界"；从苏轼、白居易开创的将西湖疏浚工程淤泥堆岛筑堤、创造景观的方式，以及其后历代西湖疏浚工程领导者对这一方式贯彻始终的传承，都体现了实践者在尽可能追求人与自然的高度和谐。因此，"西湖景观"可谓是中国"天人合一"思想在景观设计上的杰出典范。

其次，在宋代诗词、绘画高度发展的背景下，西湖景观、特别是"西湖十景"成为文学、绘画艺术的主要创造内容，并形成和发展了"诗情画意"这一中国唐宋以降景观与造园设计的审美标准之一，并逐渐推广至文学艺术领域，成为中国传统的审美情趣，在东亚文化的美学理论中具有显著影响（图4-25）。

再者，西湖文化景观与佛教尤其是禅宗文化有着难解之缘，禅文化成为西湖文化的重要组成部分之一。佛教大约公元1世纪传到中国，随后传入江南地区。而西湖一带的佛教崇拜史由来已久，其周边著名的灵隐、天竺等寺庙早在4世纪就已经建立。而自五代钱镠称王推重佛教后，历代吴越国王均笃信佛教，吴越境

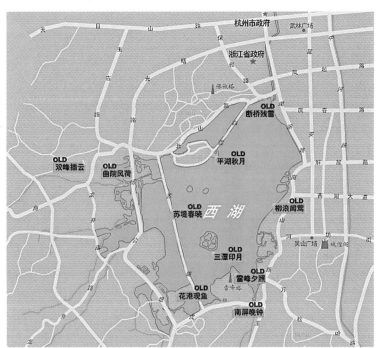

图 4-25 西湖十景位置及雷峰塔下的西湖全景

内佛寺林立，建有大量寺观塔庙，将杭州的佛教文化推向高潮；此后宋太祖统一中国，对佛教采取保护政策。杭州佛教发展也进入高峰期，及至南宋迁都杭州，杭州佛寺骤增至 360 所，仅西湖周边地带就寺庙林立，遂使西湖一带成为佛教发展最繁荣的重地。其中"灵隐寺"和"净慈寺"在南宋时均列入禅宗最高建制的"五山十刹"之中。

　　另外，中国儒家的忠孝文化传统是"西湖景观"的重要文化元素之一。中国的忠孝文化传统建立在"家国同构"的社会格局基础上，即"家族－国家"在组织结构方面的共同性。家族观念在中国传统文化中有着重要的地位，在道德责任和行为规范方面以"家"喻"国"，形成一种具有宗法社会显著特征的社会政治模式，是儒家文化赖以存在的社会渊源。位于西湖北岸的"岳飞墓（庙）"现已成为中国传统道德的重要教育基地，对后世的中国人产生普遍的教育意义。同在西湖景观范围内立有祠墓的明代著名历史人物于谦和张苍水，都传承了岳飞的忠孝文化传统，成为中国以品行清廉、忍辱负重、刚正不屈著称的民族英雄，和岳飞并称"西湖三雄"。

同时，中国历史悠久的藏书文化传统也是"西湖景观"的重要文化元素之一。江南地区人文荟萃，有着深厚的藏书文化传统。作为浙江行政中心的杭州，自古便是江南官府藏书重镇，特别是自从南宋定都杭州以后，位于西湖之滨的南宋官方最高学府"国学"同时也是官方藏书所在地。元代在其原址建"西湖书院"，继续搜集并刻印书籍。至清代初年，杭州府学及敷文书院等皆有丰富的藏书。位于孤山的文澜阁属于官府藏书，是中国历史上最著名的藏书建筑之一，在历经浩劫之后获得修复，成为当年江浙三阁中仅存的一阁，并在所有保存《四库全书》的"南北七阁"中，唯一保持了书、阁共存。

此外，以中国北宋时期隐逸诗人林逋（967～1028年）为代表，其一生呈现了一种清高自好、勿趋荣利、恬淡自在的逸世隐居生活方式，成为中国名士风范和隐逸人格精神的典范之一，赋予了"西湖景观"独特的"隐逸文化传统"成分。

除了以上代表儒家思想的文化精神外，道教文化也在西湖周边繁荣昌盛，使西湖的空间布局、风景园林、建筑文化体现着多种文化的融合、交织和碰撞。

3）西湖景观的文化独特性

当我们把西湖作为一种文化形态来看待时，就必须通过把西湖放进中国历史和文化演进的历史长卷中，用中国人独特的思维方式和审美视角，真正体味西湖之美，还原西湖的经典价值，才能正确看待西湖东岸城市的发展与演变。透过西湖文化景观六方面的遗产构成要素，我们可以认为它是中国历代文化精英秉承"天人合一"、"寄情山水"的中国山水美学理论下景观设计的杰出典范。而透过西湖文化景观构成要素的形成机制和传衍过程我们看到，唐、宋时期是西湖景观文化独特性形成和发展的特殊时期，特别是南宋以来首创的"西湖十景"题名景观，已成为西湖景观文化独特性和西湖核心审美价值的核心。首先它是对西湖文化与景观资源的一次梳理，提取了它的精华。其引导人们不仅深入地观赏某一个景点，而且要从整体上来欣赏西湖之美；它体现了景色的意境和神韵，反映了西湖春夏秋冬、朝暮阴晴等时间段的变化多样性。如春天的苏堤、夏荷、秋月、冬雪；"春晓"和"夕照"……不仅让人们用视觉去赏月、观鱼；还提醒人们用听觉来感受钟声和莺啼；它充分反映了西湖的精致、和谐、端庄、美丽、大气等美学特征。而"西湖十景"所代表的典型风景意向形成了远近呼应、分布有致的空间景观序列和随季节时序推移而变化的时间风景序列，它们相对集中又合理分散，凸显了西湖文化的创造性、和谐性和精致性，反映了清丽、秀雅、柔和、逸气的宋代艺术文化思想与审美情趣，并突出表现了西湖风景的自然之美。以"西湖十景"为代表的西湖风景意象，见证了西湖风景从自然美升华为艺术美的发展过程，体现了自然美的人文化、艺术化和典型化（图4-26）。

断桥残雪

花港观鱼

柳浪闻莺

南屏晚钟

双峰插云

三潭印月

苏堤春晓

平湖秋月

图4-26 绘画表现的西湖十景

4）从西湖景观的文化视角认识西湖东岸城市

在当代城市发展建设热潮中，往往将西方的大轴线、大绿化、大公园用于城市建设，甚至出现了高层建筑等同于现代化的思潮，不顾地理文化特征和文化特性的建设是导致"千城一面"的主要原因。那么，在西湖作为世界文化景观遗产，其湖东城市景观究竟应该表现出什么样的风貌特色和景观格局，是否还能一味照搬国外滨水地区城市开发经验？或者说，在西方审美标准影响下的滨水地区开发方式、景观轮廓究竟能否兼容并蓄地应用到中国的滨水城市建设中呢？带着这样的问题，本书从研究东西方审美的差异性入手，通过对审美标准的发展认知和西湖文化景观独特性的分析，推敲符合中国传统山水城市审美标准的西湖东岸城市形象。

（1）中西方审美差异性比较

文化发展轨迹的差异性决定了中西方审美的差异性。在城市景观方面，凯文·林奇提出的"城市意向理论"可谓西方景观审美的代表，它基于西方美学理论提出了城市主要通过路径、边沿、区域、节点和标志五大意象元素而被人们感知，并唤起人们对城市的印象。相较于此，传统的中国城市发展在受到了生产力水平、生活习俗、审美情趣和堪舆风水等诸多要素影响后，其整体面貌呈现出的是古代中国人对世界的认知、解读和典型的东方审美情趣。在悠悠几千年的历史演变中，和谐的宇宙观、天人合一的传统哲学观、崇尚自然寄情于山水的儒家思想，使城市景观意象会与观者产生深层次的情感上的互动和审美上的共鸣，以及深厚的历史文化底蕴与诗歌词赋意境的共鸣。也就是说，与西方审美的差异性来看，中国的传统审美更强调以"自然为本"和"情感寄托"，具体在空间机制和艺术手法上表现出以下不同：

① 隐逸与开放

中国传统文人"隐逸"的审美文化属于阴柔之美，城市和风景园林秉承了这种隐逸的自然山水审美观念，形成了东方式的、内敛、层层套叠并"隐匿起来的"章回式的景观框架。这与西方城市景观简洁、明晰的设计语言非常不同，并表现在以下两方面：一方面，与西方城市设置公共休闲或聚会性质的大型广场公园、开放式绿地公园不同，中国大多采取精致的园林式小型景点。如芝加哥通过滨水沿线绵延 32 公里，宽约 1 公里广阔的湖滨公园映衬现代化都市形象；纽约曼哈顿地区鳞次栉比的滨水景观也以炮台公园大片的疏林草坪为衬托；而西湖的风景意象则完全没有那么直接，而是以巧妙的隐匿在西湖周边的"西湖十景"，包括现今的西湖新十景等一个个独立的、融合了私家园林的小场景景观结构并体现着各自意向的主题景点连贯成对西湖风景的整体认知，这些景点既是可以自成一体、独立存在的"章节"，又无时无刻不与西湖有着千丝万缕的联系。另一方面，中国传统审美取向表现在空间上还讲究各个景观点在互有通达的基础上，更注重"点"与"点"之间、人文景观与自然景观之间的互含、互补、互借、藏与露相结合的传统造景方式，不同于西方式的视觉通达性（图4-27）。

② 形散神聚与层次鲜明

透过北宋画家张择端的《清明上河图》，让我们感受到中国

图 4-27 西方大尺度景观（芝加哥湖滨公园和纽约中央公园）与中国传统隐逸精致的园林景观（西湖郭庄）对比

传统审美所推崇的"形散而神不散"的意境，整个画面横向构图，节奏平缓有序。虽然缺少绝对的控制中心，但从城门外郊野到商肆林立的城内，再到汴河桥上的摩肩接踵，细细品味，每一场景都不乏细致生动，具有强烈的故事性。

与西方城市提倡利用显而易见的城市地标来把控全局的景观意象不同，在中国的传统景观意象中，既不崇尚"中心的控制力"，也不钟情于展现层层递进的清晰结构，而是讲究一种诸如片断的、连续的景观层次。即使是高耸的塔阁也不过是作为自然景观中的提纲領的补充，谦逊地呼应自然山峦态势的同时，恰到好处地控制着景观序列的节奏感（图 4-28）。

③ 感性与理性

从近代绘画、艺术、建筑的发展看，文艺复兴时期形成的理性的线性透视法一直是西方现代艺术发展的主流，表现在西方古典绘画中普遍采用焦点透视来描绘一只眼固定一个方向所见的景物。中国绘画则是艺术家们"寄情于山水"的表达方式之一，并折射出与西方古典艺术截然不同的中国传统审美意向。正如宋代画家郭熙所著的《林泉高致·山川训》云："山有三远：自山下而仰山巅，谓之高远。自山前而窥山后，谓之深远。自近山望远山，谓之平远。高远之势突兀，深远之意重叠，平远之意冲融而缥缥缈缈。"

图 4—28　中西方审美对地标意向的不同理解（图为西泠桥上看保俶塔及群山）

（2）全球化与城市化引领下的审美标准转型

作为近代工业社会和古代农业社会的不同关照主体，近代意义上的知识分子在思维方式、学术内涵、研究方法等方面和传统知识分子具有根本意义上的不同，这在某种意义上反映了中西不同文化的差别。中国古代形成了一套自成体系的古典知识系统，它长于综合，强调事物的整体性、人的情感依附性和自然的至高无上性。而近现代知识系统则以西方古典文化重视分析、归纳、逻辑和概念运用的基础上发展而来，进一步强化了科学实证和推理，并把一切可知和未知的领域均纳入到数字化、标准化和程序化的轨道。这种认知和价值系统的不同反映到审美领域，表现为西方基于认识论与规律性的理性审美和中国人基于体验论与情感交流互动的感性审美的对比。然而，为了适应近代工业社会发展的需要，转型时期的中国知识分子也开始运用西方的观念来梳理自己的专业知识，引进西方的学术系统、科学方法和数理模式，由此，整个社会在世界观、方法论和审美方式上都一步步发生了嬗变。直到今天，再回顾和思考这个发展过程，可以发现整个民族文化心理和审美标准的改变是非常巨大的。面对来自于西方审美法则的渗透，现代中国的审美取向可谓更加多元而具有不确定性，一方面对西方的审美方式采用拿来主义，如对凯文·林奇提出的感知城市"五要素"理论的推崇；另一方面受到中国传统文化知识体系熏陶、并根植于中国人骨髓之内的古典文化并未完全抛弃，只是原来架构清晰的中国文化、诗词歌赋已经转化为朦胧的意境体验和联想，而平远、高远和深远、含而遮羞的景观意境仍然能够被当代大部分人所接受。

中国古代传统的审美标准、价值取向、世界观衍生并推进了西湖文化景观的发展。然而在今天，面对审美标准的转型，西湖文化景观的未来发展、特别是对于发展因素更加复杂的东岸城市而言将何去何从？如何以发展的眼光来看待城市景观？值得深入研究与探讨。

（3）从西湖文化景观角度对湖东城市的再认识

西湖景观与国外具有代表性的"园林景观设计"遗产相比，分属不同的审美特征和景观设计流派，西湖文化景观反映了东方景观与造园艺术风格。尽管受到近代工业社会发展和西方理性审美标准的渗透影响，东方传统审美正面临着冲击和转型，但总体而言，西湖景观从属于中国古典山水美学范畴，其文化性代表了中国古代宗教、哲学、美学、心理学的思想，西湖东岸景观是西湖文化景观的重要组成部分，应从西湖景观的完整性角度对湖东城市提出建设要求。

首先，城市是西湖"章回体"文化展示中的一个篇章，既具有相对独立的空间结构和特征，又与西湖景观产生内在的文化关联性。当把西湖作为一种文化形态来看待时，西湖东岸城市发展过程中所体现的文化特征应与其具有内在的契合性，吴越国和南宋定都杭州对城市发展的影响绝不逊于对西湖文化景观发展的推动；同时城市作为一个活的生命有机体，与西湖十景、两堤三岛等其他文化景观要素"独立结构"不同，其发展演进过程受到更为复杂的社会、经济、政治、文化等因素的影响而不断演变、发展，具有更为独立的、自成体系的发展规律。

其次，西湖东岸景观界面应成为以自然为中心、以建筑为衬托、形散而神不散的空间长卷，并营造平远、深远、高远的城市景观意境。正视城市的发展演变过程，正视城市发展的必然趋势，延续西湖"三面云山"所体现的中国古典山水美学特征，以"天人合一"的传统哲学观为统领，强调自然的至高无上地位，在湖东的城市界面中展现近景平远、中景深远、远景高远的景观意境，依照三远透视形成山水城市的景观"场景"，与三面云山所展示的空间层次相契合。

此外，以展现中国古典山水美学特征为主，东西方审美情趣兼容并蓄，形成含蓄内敛的空间机制。当前，西方审美标准已有力压东方审美之势，人们崇尚陆家嘴的高楼林立、现代时尚，激动于一个又一个新城的开发建设，这种空间形态内在所隐含的高效、便捷和快节奏是符合当下的社会发展需要的，也是中国快速城市化发展过程中必然选择的景观意向。因此西方审美标准指导了所有新城的景观体系和空间结构。站在西湖的角度向东看，当然希望这种审美趋势对其影响越小越好。另一方面，随着西湖东岸城墙被拆除，城市与西湖唇齿相依的现实下，湖滨地区已经开始借鉴西方城市滨水地区的开发模式，公共开放性和活动性已经大大加强。因此，究竟应该站在纯中国古典山水美学的角度看待东岸城市景观的发展？还是应该正视当前西方审美和城市意向营造方式对城市景观构建的渗透和指导？是否需要研究如何将西方审美融入到传统东方审美意向中，使之更符合当代人的审美理念？本书认为这是评判未来西湖东岸理想状态的根本问题，并认为不宜采用大绿地、大开敞空间衬托的、新旧对比强烈、地标特色鲜明的城市形象，而应以展现中国古典山水美学特征为主，强调自然与城市、新城与老城和谐过渡的关系，所有建筑高度以西湖三面群山的相对位置和高度关系为参照，远景以起伏、中心感突出而不鲜明的轮廓线迎合山形之高远。

2. 从城市的自身文化发展脉络中寻求理想的湖东景观

1）城湖空间发展分析

从杭州山、水、城的演变过程看，城湖由分离到城湖空间并行，再到城与湖唇齿相依经历了漫长的发展过程，其在空间方面表现出以下发展特征：

（1）城湖"此消彼长"的空间演化

由最初的湖大城小到两宋、元、明清时期的城湖比例均衡，再到今天城大湖小的现实形态，经历了"此消彼长"的发展演变过程。在西湖由大变小的过程中，城市规模不断扩大，随着湖沼湿地逐渐退化为城内河道和钱塘江东移，城市由凤凰山麓向北部延伸的同时城墙不断向东扩展。而如果探究到"三面云山一面城"结构形成以及南宋时期，则如陈文锦先生所指出的，其所隐喻的应该是城、湖比例均衡的空间关系：三面湖山、一面城市，开合适宜、虚实具备。西湖的西、南、北三面云山相对高耸、是实处、合处；"一面城"原本低平，建于与城墙之内，至高不过树顶，是虚处、开处；湖是自然美与人文美、艺术美的典范，城是与西湖景观一脉相承的"城市山林"。正是这种虚实相生、空灵大气、和谐共生的城湖关系被意大利旅行家马可波罗赞誉为"世界上最美丽华贵的城市"（图4-29）。

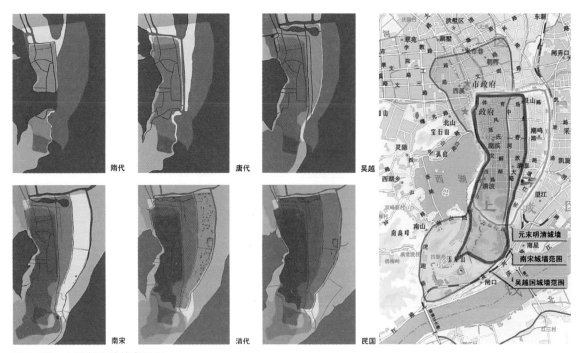

图 4-29　主要朝代城墙变迁图

（2）共同的文化根基

尽管在城墙的阻隔下，墙内的城市与墙外的西湖风景相邻而不交错，城市和景区各得其所，但实际上它们有着共同的文化根基，同样受到生产力水平、生活习俗、堪舆风水等诸多要素的影响，并分别从城市建设和风景营建两个角度对中国古代哲学、审美、心理学进行了诠释。如杭州城市在强调轴线对称、前朝后市等严谨的"礼制"营国方式的同时，也强调感性的"以自然为本"而采用了依附地势，借助自然山水之势造城的理念，与西湖风景"崇尚自然"的整体格局相呼应，形成了独特的山水城市格局；同时西湖与城市均在吴越国定都杭州和南宋临安两个时期达到其最为辉煌的顶峰状态，推动了城市与西湖景观的共同繁荣与发展（图 4-30）。

图 4-30　西湖觅影（1924 年前雷峰塔未倒塌时西湖全景）

（3）从城景分离到城景相融

回顾杭州城市与西湖的景观关系，以湖滨地区的城墙拆除为分界点，可以划分为两大阶段，即城景分离和城景交融阶段。

① 城景分离阶段：

即城市与西湖各自发展，相互之间不考虑景观因借关系。城市在城墙内发展且低平，至高不过树顶；西湖在城墙外发展，西湖东岸始终是虚处、开处，城与湖之间实质上是一种镶嵌式布局结构。

在这一阶段，尽管杭州城市因地制宜，依附地势，借助自然山水之势而发展，但由于城市受到中国传统都城营国方式的影响，南宋时期的宫城基本按照《周礼·考工记》的建城理念建造，形成前朝后市的布局；同时延续了建立在严谨的礼制基础上的西周所形成的都邑规划体系，城市布局着力表现中轴线和沿轴线对称格局的形制。因此，城市与西湖之间一直以8米高的城墙相隔。且由于城市以南北向的御街（今中山中路）为轴线形成致密的空间形态并逐渐向东西两侧伸展，靠近西湖一侧的城墙内便基本以办公、府学、兵营等功能为主，清代甚至在今湖滨地区一带划出作为旗营，形成了相对疏散而无序的空间结构。

② 城景相融阶段

自民国以后，杭州城市范围内的城墙被逐步拆除时，也正值近代西方思潮开始涌入东方，城市的发展在空间景观上不再与西湖相孤立，城市景观的丝毫变化都影响着西湖景观风貌，伴随着近百年来社会各界、专业学者对西湖东岸杭州城市发展的关注与探讨，城湖景观经历了三个演变过程：

首先，是在民国城墙拆除后至20世纪50～60年代间，城市开始利用优美的风景资源在临湖地区建造别墅、民居院落、高档宾馆饭店，西湖边上出现了华侨饭店、新新饭店、勾山里、湖边村等建筑群。尽管如此，但由于公共活动尚未渗透进来，西湖东岸原本静谧、平静的环境氛围未被打破。

其次，是20世纪70年代开始至20世纪末期，文化变革引发思想变革，带之而来的是视觉审美的变化，西方视觉审美体系开始成为引导城市景观发展的主流方向，沿湖地区开放为市民活动的大公园，城市一方面将公共活动功能向滨湖地区渗透并加密建设，使近湖地区逐步形成了致密的空间结构；另一方面继续向东、北方向拓展以求得更多的发展空间。而表现在湖东城市景观上，则呈现出向高处发展的趋势，现代化的高层建筑开始出现在西湖东岸并越来越多，西湖与城市之间均衡的空间关系被彻底打破，城市以西湖两倍、三倍的速度快速壮大起来。

21 世纪初开始，杭州开始致力于以重大项目带动城市发展空间战略转移，如 2002 年沿钱塘江设立 15 平方公里的钱江新城，就是为了带动钱塘江沿岸的开发建设，从而为保护西湖、实施旧城更新创造条件。

特别是新一轮杭州市城市总体规划确定城市以"城市东扩、旅游西进，沿江开发，跨江发展"为目标，并从围绕西湖、以旧城为核心的团块状布局转变为以钱塘江为轴线的沿江、跨江，网络化组团式布局结构的提出，为保护"三面云山一面城"的城市空间格局奠定了坚实的空间发展基础。因此，21 世纪初以来，西湖周边的老城区已不再开展大规模旧城改造，而是以历史文化资源的挖掘和再利用、传统风貌格局的维护为载体，开展一系列的综合保护工程，使杭州历史文化名城与西湖文化景观相交融、相辉映（图 4-31）。

图 4-31　杭州历年城市发展简图

2) 城湖发展的文化轨迹关系

在城市发展的千余年间，尽管西湖与城市空间上的相互依存关系在吴越国定都杭州时便已经确立，但在活动上却一直缺少互动，城与湖以一墙相隔，城内是兵营、县学等行政用地所在，城外是湖，直到清代将西湖边的旗营拆除并逐步拆除城墙与城门后，在近代西方审美思潮的影响下，湖滨地区景观营建开始强调公共开放性和连续性，景观价值得到超限度的利用。经过对城湖空间演变关系和城景发展关系的分析，我们发现：

首先，城与湖之间存在着文化发展轨迹的内在通融性，南宋时期既是西湖景观发展的巅峰时期，也是城市发展的辉煌时代。

南宋时期的杭州城市是中国古代哲学观、美学的全方面体现，无论建城还是造园，均达到了历史的鼎盛时期，无愧意大利旅行家马可波罗在南宋灭亡的第二年来到杭州时所赞叹的"世界上最美丽华贵的城市"。可以说西湖与杭州城市文化关联性最为密切的时期，就是南宋时期。而保持南宋时期城市结构的完整性，则是未来杭州老城保护与发展的根基。

其次，"三面云山一面城"的景观空间结构形成于吴越国时期，发展于南宋，完整于元、明清时代，城与湖之间均衡的比例和空间尺度关系、滨湖地区开合适宜、虚实具备的形态是城市初始的景观空间。

最后，城景相融是历史发展的必然，城市需要从三面云山、一面开敞、空旷的皇城，发展为三面云山一面融合历史与现代、追求发展的城市。今天的"三面云山一面城"已经融合了东西方视觉审美标准，站在发展的眼光下，我们不可能回复到一千年前的状态，而应该着重笔墨研究现代城市如何与西湖文化景观的文化特征相关联，如何融入到古典审美文化的大系统中，成为西湖文化景观和谐的一部分（图4-32）。

3. 从西湖与城市的文化耦合中寻找规划控制思路

1）西湖与城市的文化耦合

从国内外文化遗产保护，到西湖文化景观的文化脉络梳理，再到城市文化与景观相承性的分析，使我们对西湖东岸景观控制有了更深刻的认识，也寻找到引导西湖东岸景观发展的思路，即：（1）以西湖景观的文化独特性与景观特征作为城湖空间格局控制

图4-32　城湖空间现状全景

的核心。杭州"三面云山一面城"城湖空间格局是西湖文化景观遗产构成要素之一，因此西湖东岸城市景观与文化发展特征都应成为西湖文化景观发展过程中不可或缺的重要组成部分，必须站在西湖景观的文化独特性和景观特征完整性的角度认知未来东岸城市景观的发展与控制要求。（2）以中国古典山水美学为立足点。与西湖景观所代表的中国古典山水美学特征保持一致，西湖东岸城景界面同样应以"天人合一"的传统哲学观为统领，成为以自然为中心、以建筑为衬托、形散而神不散的空间长卷，并延续"三面云山"所展现的平远、深远、高远的城市景观意境。（3）以城湖间历史发展与文化脉络的内在关联性为契合点。杭州城湖相依，城景相融，城市与西湖风景的发展过程同样受到生产力水平、生活习俗、堪舆风水等的影响，分别从城市建设和风景营建两个角度对中国古代哲学、审美、心理学进行了诠释，反映了城湖间文化脉络的内在关联性。同时南宋时期同是杭州城市与西湖风景发展最为辉煌的时期，推动了杭州山水城市格局的整体发展。

因此，当我们把城市看做西湖"章回体"结构的一个篇章时，需要正确认识其文化脉络的独立性以及与西湖文化之间内在的关联性：

第一，应尊重城市自身的发展脉络和规律，体现城市发展的相对独立性

首先，南宋皇城是杭州老城发展的根与魂。从国内外文化遗产保护经验看，历史遗存的保护固然重要，而南宋皇城时期城市格局的保护和恢复才是老城区保护的核心内容，其严谨的宫城布局与独特的城市形态，依山就势的造城理念，中轴对称、丰字形路网骨架和水网体系，都值得在今天的城市建设中延续并融合发展。

其次，从城市DNA中寻找历史城区的复兴之路。遗产关注的重点主要在于城市格局与风貌特色能否在发展中延续与优化，它的基因能否健康的传承下来，因此保持自然环境风貌DNA。维护自然山水环境风貌的完整性，修复城市格局DNA，再现传统肌理DNA，提炼残余碎片、丰富DNA细节信息才是未来杭州老城区通过有机更新修复历史景观风貌的重点内容。

最后，延续南宋时期开放的思维引导新老城和谐发展。南宋时期在引领国家发展由封闭的内陆型转向开放的海陆型的同时，也显现了开放的建城思维——未遵守严谨的营国方式，顺势自然，自成体系，打破坊里制带动城市走向繁荣。当代城市不应只修复历史的足迹，也应延续南宋时期开放的精髓，在西湖景观的文化独特性和景观主导性下强调东、西方审美的融合和新老城的和谐发展。

第二，西湖景观与城市之间内在的关联性是杭州城市文化发展特色之所在。

首先，应延续城湖空间比例均衡的历史状态。"三面云山一面城"的景观空间结构形成于吴越国时期，发展于南宋，完整于元、明清时代，城与湖之间均衡的比例和空间尺度关系、滨湖地区开合适宜、虚实具备的形态是城市初始的景观空间。尽管城市规模大大超过了西湖的尺度，但寻求两者之间新的平衡关系仍是未来城湖空间保护与控制的核心内容。

另外，应从发展的眼光看待湖滨地区由"墙"转化为"城"、"市"与"景"的有机结合。处于城湖交接地带的湖滨地区，清代以前一直以色彩、形式统一的城墙分隔城与景，硬质、低矮的城墙与温婉流畅的山体形成对比。而今天连续而色彩统一的滨湖绿化代替了古老的城墙，由滨湖建筑群构成的硬质界面仍与三面云山形成了鲜明的视觉对比关系，建筑、活动和西湖风景的联系更为紧密。

2）西湖东岸杭州城市景观的趋同性发展

当以西湖为背景东望杭州城市时，展现在我们面前的是一幅动态的城市画卷，在北侧宝石山和南侧吴山之间，城市在西湖以东繁衍生息、不断壮大。然而，在明清城墙拆除以前，西湖东岸界面一直呈现着"城墙"下的江南古城形象，展现着虚无、空旷的静态之美，城市与西湖之间尽管有着内在的政治、经济和文化发展联系，但在空间上却体现出各自相对的独立性。而自城墙被拆除后，城湖合璧的同时，城市中任何细微变化都不同程度的影响着西湖景观风貌，成为西湖文化景观发展的重要组成部分。因此，当从西湖视角看城市景观，能够从一个侧面感受到杭州城市景观突破传统城市文化脉络走向趋同的过程。

在湖滨城墙拆除后西湖东岸城市景观的发展过程中，同样受到国家整体发展环境、政策、规划管理手段等，以及西方审美强势涌入的影响。在城市走向现代化的过程中，不断磨灭着传统文化格局下的历史空间状态，使湖东城市景观面临着同质化、不断走向趋同的危险境地。

（1）建筑风格呈现百花齐放的局面，现代后现代风格建筑唱主角

新中国成立的20世纪50年代以后，为了快速恢复生产、发展国民经济，中国派出了大量学者远渡重洋到西方求学、获得西方的先进经验，其中也包括建筑师。因此受到当时西方生活方式和生活情趣的影响，临湖地区开始建设别墅、宾馆等高档居住设施，将人的活动引到湖边。如建设了香格里拉饭店、新新饭店等，

其建筑风格明显带有西洋建筑特色，体现了中西合璧的文化特点。这些建筑保留至今，成为西湖东岸大量现代建筑中的沧海一粟，却不乏点睛之用。

20世纪60～70年代开始，纷至沓来的工农业大跃进、"文化革命"浪潮席卷全中国，在上山下乡等政策的影响下城市建设基本停滞，西湖东岸及时有新建建筑，但基本高不过树顶，湖东开阔、空旷的历史空间格局基本得到保持。

20世纪80年代以后至21世纪初的20年间，随着改革开放、城市化过程快速发展，特别是在大量农村人口涌入城市的时代背景下，杭州老城明显应接不暇，在空间受限的情况下，建筑向高空发展、高密度发展、城市扩张的情况不可避免的出现，而反映在西湖东岸城市界面上，则是大量高层建筑几乎在同一时间涌现。在当时崇尚现代主义和后现代风格的影响下，我们可以看到20世纪80～90年代前10年间建筑基本以现代主义建筑风格为主，注重结构、功能、建筑立面分隔、尺度等的把握，显得中规中矩。而20世纪90年代至21世纪初，随着高层建筑技术的发展，无论是建筑师还是开发商更加崇尚建筑个性，屋顶、体量的变化开始丰富，建筑材料开始大量选用玻璃、钢材、花岗岩等现代建筑材料。

可以看出，随着高层建筑占据西湖东岸景观界面的主导地位，其建筑形象已经更多地受到科技、结构技术、后现代简洁性等的影响，与国内外城市高层建筑风格几乎没有差异性。同时，由于一直未有政策实施对东岸城市界面建筑形象的整体调控，使得各建筑风格一致，形式却百花齐放，这也是国内许多大城市滨水建筑界面的共同点。

（2）城市界面不断长高并呈现出向两山蔓延的趋势

快速城市化所引发的城市空间不足问题，以及当时人们对城市现代化、高层建筑的追捧，使得西湖东岸城市界面不再隐藏于临湖树冠之下，迅速长高、加密，高层建筑甚至开始从山体背后冒出来，呈现了一种无奈下的无序增长。在20世纪80年代末到21世纪初短短十余年的时间里，高层建筑如雨后春笋般快速成长，原本空旷、开敞的西湖东面开始有了边界，而且越来越逼近西湖、越来越高，呈现出"城压湖"的态势。这种发展态势如果继续发展下去将不但破坏着杭州原本的历史空间格局，也将使杭州城市的特色景观不再（图4-33）。

（3）高层群、城市之"冠"等城市景观构建思路

改革开放后，美国纽约、日本东京、中国香港、法国巴黎等发达国家和地区城市中心区高层建筑群集聚，以几幢超高层建筑

为重心形成高耸、挺拔的城市天际线形象，让人感受到扑面而来的经济发达、社会繁荣，更让很多人理解为只有摩天楼才是现代化的标志。这种思潮也同时影响着城市管理者和规划人员。以高层建筑组织天际轮廓线的新城开发，在全中国大地上可谓遍地开花。杭州也不例外，在对西湖东岸城市风貌的控制中，非常强调高层群，甚至一度认为，应把在钱塘江北岸钱江新城 CBD 的高层建筑集聚形成"城市之冠"，让人们在西湖上就能看到新时代杭州的繁荣发展。且不论西湖东岸是否应形成几个高层群这种技术问题，关键要看我们在确定地标节点时的出发点。正如前述，中国传统山水美学中安排塔、阁等高耸建构筑物的目的在于对整

1910—1920 年西湖北望图

1922 年平湖秋月视点

2002 年平湖秋月视点

2006 年平湖秋月视点

图 4-33　西湖东岸城市轮廓线的发展变化

体节奏的控制，而西方的高层建筑是要形成视觉中心和焦点。如果我们偏离了西湖传统美学文化，一味按照西方审美文化发展思路引导西湖东岸城市轮廓线组织，那将是非常可悲的，西湖东岸城市界面将背离其原本的历史状态而越走越远。

3）重拾西湖与城市的内在文化气质，重构西湖景观控制思路

随着西湖景观保护与城市发展之间的矛盾日益突出，21世纪初杭州市委、市政府提出了从"西湖时代"迈向"钱塘江时代"的空间发展战略，并在2007年批复的《杭州市城市总体规划（2001～2020年）》中，进一步明确了"城市东扩，旅游西进，沿江开发，跨江发展"的城市发展目标，从围绕西湖、以旧城为核心的团块状布局，转变为以钱塘江为轴线的跨江、沿江，网络化组团式布局，从而为保护"三面云山一面城"、"城湖合璧"的城市景观，维护旧城基本格局奠定了坚实的空间发展基础。

另外，正因为西湖对于杭州来说其重要性不可言喻，因此杭州一直把西湖与城市发展的关系作为首要责任，开展了大量对东岸城市景观控制手段、思路和方法的研究工作，慎重处理着临湖、近湖区的各类开发建设，甚至对6公里以外钱塘江两岸新城区仍需要研究新建项目对西湖景观的影响程度。尽管如此，西湖东岸城市所展现的景观风貌仍不尽如人意，打破了以往城湖均衡、和谐的空间尺度关系。面对景观问题突显的矛盾，借西湖文化景观申遗成功之契机，杭州需要站在保持西湖景观山水美学特征真实性和完整性的基础上，再次审视西湖东岸景观控制中存在的问题，清醒的认识未来西湖东岸城市景观所应呈现的理想状态，在理想与现实的矛盾寻求保护、控制、整治的思路和方法。

在规划过程中，主要从历史形成的"三面云山一面城"景观格局保护、维持西湖文化景观的历史传承性角度出发提出的，力图重塑杭州城市文化特色和富有魅力的景观风貌。在以西湖十景为总纲和保持西湖文化景观真实性、完整性的总体指导下，从景观格局保护、轮廓线控制和旧城有机更新三个层面提出了整控结合的规划思路。在具体的规划策略方面，主要强调了以下几方面：

（1）确立西湖整体保护观

从西湖文化景观保护的角度重点提出对三面云山一面城的控制策略，具体包括：

第一是维护三面云山的完整性，从平面和轮廓线两个层面提出控制要求。改变了以往重定性、轻定量的思路，在确定三面云山与一面城市的平面与轮廓线控制节点基础上，严格保护三面云山背后的城市以及山水之间的建设控制，要求从西湖任何视点看不到云山背后有城市建设，从视觉景观上保护"东城西湖"的历

史空间格局完整性，进而衍射到整个城市，提出控制要求。

第二是在对西湖景观控制的视点选择上，根据景观敏感性、重要性、区位、文化景观价值等多种条件，选取西湖内看湖东城市的各视点覆盖整个西湖，以保证西湖对城市景观控制的完整性和全面性（图 4-34）。

第三是在城湖空间控制范围方面，不局限于历史城区的景观空间控制，而是随着城市发展，将湖东 9 公里甚至以外的区域均纳入城湖空间控制范围，使钱塘江两岸的城市新建区在未来开发中不破坏西湖景观的完整性（图 4-35）。

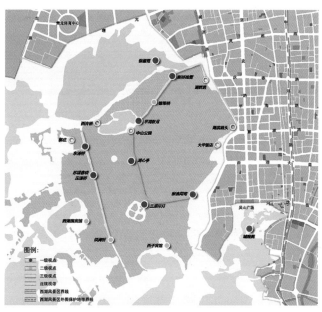

图 4-34 杭州当前西湖景观分析确定的视点分级

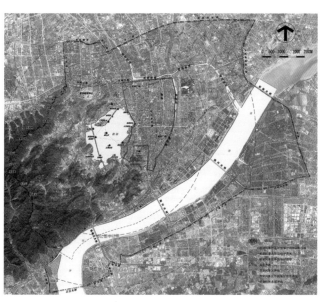

图 4-35 西湖景观控制范围

（2）确立城市文化传承观

第一是从中国传统山水美学角度，根据西湖三面云山群山空间关系分析推衍到西湖东岸城市景观控制，以"突出山体的自然轮廓"和"延续一面城为虚开之处的城湖历史空间关系"为思想原点，同时结合城市自然地理环境和文化发展脉络特征，提出城区高度的衍射控制要求和平远、深远的圈层控制策略（图4-36、图4-37）。

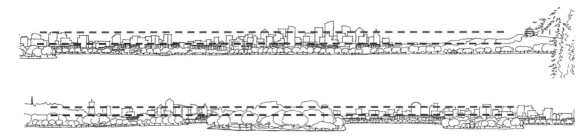

背景层次高度应为前景的2倍左右

图4-36　西湖周边近远景山体的比例与尺度关系

图4-37　根据西湖周边近远景山体的比例提出东岸城市的高度控制层次

第二是在湖东城市轮廓线控制方面建立三面云山与一面城的和谐关系，从自然山水轮廓风貌到"一面城"的历史轮廓线形态推衍至今，并以发展的眼光看待现有城市轮廓线状态，提出了平缓舒展的轮廓线定位下，与历史空间尺度存在关联性，又符合发展实际的理想轮廓线控制思路。

第三是从历史城湖空间关系推延今天，建立与西湖尺度相协调的城市空间控制思路。一方面以南宋时期杭州城与湖均衡的空间比例关系为基础，放在今天的城市发展格局中，规划在正视城市现实发展的同时，提取山、城、湖空间尺度关系的精髓，为了达到"城湖比例均衡"的目标，提出对与西湖尺度相应的城区部分采取统一、一致的高度控制策略，改变以往随距离西湖以远逐渐抬高的"碗形"控制方式，使在西湖群山远眺城区时具有平远、开阔的视觉感受。另一方面针对目前湖滨沿线连续的绿化替代了城墙，平均15米的树冠高度已经突破了原8米的城墙高度，东岸城市景观已经发生变化的实际情况，规划提出在城市建筑高度和尺度突破历史"城墙"的情况下，在南宋时期城湖比例关系基础上扩大与西湖尺度相宜的历史城区控制范围的总体要求（图4-38）。

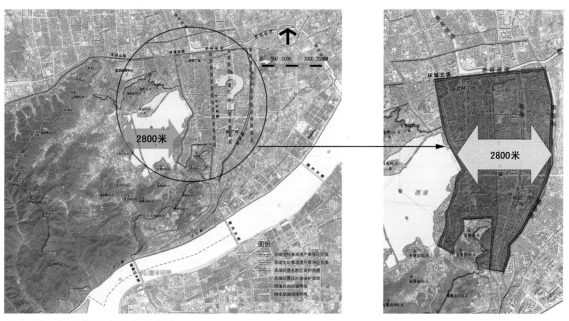

图4-38　与西湖尺度相宜的城市尺度

第四是从历史城墙到今天的城市，探讨轮廓线如何在色彩和景观控制中呼应历史、面向未来。今天的湖东景观，我们不可能以推倒重来的方式做到与西湖古典山水美学和文化的呼应，这同样是对历史的不尊重。因此，在研究景观控制、特别对湖东现有城市景观的优化改善方面，色彩转化与控制无疑是合理的重要手段之一。为此，在湖东城市色彩DNA的提炼中，强化了随着历史推移过程中色彩要素的变与不变。从中发现随着历史发展的推移，杭州城市建筑色彩概念始终在"墨"和"彩"之间游移。从传统的"水墨"概念，到清代"墨"与"彩"的水乳交融，再到新中国成立后经济发展过程中无序性"彩"的压倒性优势，直至今日"水墨"元素在多元共存状态下的回归与新生。以宏观的、历史的、发展的观点和视野把控杭州的建筑色彩，在"墨"与"彩"这两极之间度量把握，从而研读和探讨杭州建筑形象色彩的本质和特色。这种"墨"的概念，是指杭州的本土传统建筑形象所呈现的以徽派建筑为基础的"粉墙黛瓦"形象，表现出静态的环境气质；"彩"的概念，是一种外来的、吸纳的、交融的、变化的、现代的形态，体现在建筑上为多元和多彩之间动静融合的状态。因此"墨"与"彩"的交织，可以延伸理解为城市建筑在用色观念与形象上呈现出来的传统与现代的关联，符合杭州作为东西方审美交融体的形象特征（图4-39）。

图 4-39　西湖东岸立面色彩整治指
导（局部）

（3）确立城市动态发展观

翻开杭州的老地图，我们不难发现，上千年来杭州城市一直在西湖东部悄无声息的蔓延和扩张着，缓慢而不打扰；尽管随着城墙被拆除，一些建筑开始小心的触碰到西湖边，但仍不至打破长久以来形成的城湖空间平衡关系；这种沉寂直到 20 世纪 70 年代末开始被打破，并势如破竹般随着浩大的城市建设而在短短二十年间便发生了根本性变化。在无法阻挡的经济大潮面前城市发展的步伐疾飞猛进，城市规模迅速壮大并在行政区划受限的情况下不得不选择在原有城区基础上密集化、高层化发展的思路。面对不可回避的现实和人们急于提高生活水平的需要，西湖东岸城市景观风貌从古朴内敛走向现代张扬。

进入新世纪，杭州跳出"西湖时代"迎来了崭新的钱塘江时代，在杭州市城市总体规划的引导下，开始在钱塘江两岸圈画未来蓝图。代表"开放大气"的钱江新城——杭州城市新中心正屹立于钱塘江畔并与西湖边精致秀雅的历史城区牵手相望。钱塘江两岸新城区的发展，不仅是城市经济腾飞、社会和谐的表现，也代表了杭州对历史城区实施保护的决心与希望，更是杭州城市发展中不可逆转的战略选择。

在城湖空间景观控制思路形成过程中，我们没有选择完全的保护；在审美价值重塑的思考时，也并未将中国传统美学思想直接注入城湖空间景观发展，而是选择以传统美学为立足点，中西文化兼容并蓄。在城湖空间控制的整体框架构建时，我们更加正视今天的城市发展，从"保老城建新城"的角度出发，不仅关注于新区开发中新建筑对西湖景观的影响，强化对建筑高度、体量和色彩的全方位规划控制；同时针对历史老城，强化对现状建筑的整治和西湖空间向城市空间的延续。

4.2.3　保老城与建新城携同发展

城市规划在保老城、建新城过程中也具有相当重要的引领作

用。一方面规划针对历史城区，以西湖文化景观保护为重点，严格控制历史城区景观风貌建设，提出了完整的宏观引导、中观控制、微观整治思路；同时结合南宋皇城大遗址的综合保护规划和技术导则编制，引导历史城区的传统空间意向衍生发展。另一方面规划面对杭州大量新城、综合体建设发展，也正需要继往开来，寻找传统精髓与时代发展相契合的人文路径指导城市新区的开发建设。

1. 杭州老城与新城区规划发展与演变

杭州在对历史文化名城保护过程中，文化认知是随着人们从"功利"思想转向文化"品质"的转型过程、认识过程不断深化过程中，形成了从点到线再到面的逐层推进过程。其最初以历史节点保护、历史地段保护为切入点，逐步延伸到以街巷为轴的传统街坊整体风貌提升，再到整个南宋皇城大遗址规划设计导则的编制，逐渐走向系统化引领的合理轨道。

然而，在新城综合体的开发建设过程中，规划人文思想直接影响了新城空间的构建与新城风貌的形成。以钱江新城为例，新城建设是杭州城市经济社会快速发展的必然产物，是融入全球化经济网络的必然，然而，毕竟短短十年的发展，在这段时间内，城市文化一直以西方景观理论为指导。另一方面，杭州终于摆脱了西湖景观对城市空间的限制，在钱塘江边的新城空间有了极大的释放。人们急于要在钱塘江边树立一个体现经济繁荣象征的城市新区。城市规划最初是开始向纽约曼哈顿、香港等高楼林立的城市中心学习，并邀请国外公司研究城市空间结构，这种以西方文化景观审美为前提的城市规划以及当时社会对西方景观的盲目崇尚，均影响了新城的总体布局。短短五年后，规划开始反思，真的要在杭州形成一个新的陆家嘴么？城市中心的功能意义到底在哪里？如何在新区建设中体现杭州特色？因此，在接下去的几年时间里，开始在新区范围内综合考虑文化空间与城市活力、运转效率的结合问题，开始着重于特色景观空间的营造和公共空间缝合的思考，力求在新城市中心找到杭州固有的特色，新城与老城之间内在姻缘的城市感受，如强化对临水界面的营造，城市阳台上江南园林气息的融入、新塘河畔、灵致公园的建设等，城市空间从大而空引导走向紧致和活力，体现了地方文化与西方文化景观审美的有机融合（图4-40）。

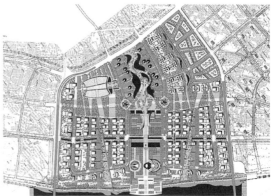

图 4-40　2002 年钱江新城核心区
规划国际咨询德国公司的概念方案

2. 新城文化气质与景观意向重构

　　尽管钱江新城得到国内业界和公众的广泛认同，在中国传统文化力量尚显薄弱的今天，其高楼成群、大气舒展的城市形象仍迎合了大多数人的景观审美价值判断。但同时，我们也必须冷静的思考，有着几千年积淀的中国古典美学和传统文化早已根深蒂固的扎根于国人的血脉之中，它也绝对不会停滞不前而被西方传统美学所湮没。总有一天，大众会重新审视今天的新城、明天的"老城"，缺少地方文化根基的新城一定会慢慢衰老而无法保持长久的魅力。因此，未来杭州必须探讨如何在新城建设中延续城市所固有的内在精神气质。

　　那么能够兼容杭州历史老城与现代新城景观风貌的内在精神气质到底是什么？从以中国传统山水美学角度衍生的西湖，到既体现道家"崇尚自然"又具有唯理性气质的历史皇城，再到依山傍水、小桥流水人家、婉约的江南水城，其内在贯通的是一个"秀"字。既有西湖的秀气之秀，也有皇城的大气之秀，更有江南水乡的灵气之秀。因此，在未来杭州的城市景观建设中，应始终坚持"秀"，在新老城建设中全面展现杭州之秀：如在建筑色彩选择上游移与水墨与淡彩之间，不适宜于夸张的色彩、强烈的尺度和色彩对比，而应体现含蓄内敛的景观气质；在建筑体量营造上应具有端庄秀丽的外观而避免过于豪放、超尺度的张扬；在城市景观空间营造上，应注重大气的城市整体空间格局下精致细节完善，以江南独特的园林、绿化手法演绎现代功能需要，全方位形成与时代发展相契合、传统与现代一脉相承的城市景观意向。

4.2.4 城市规划技术创新思考

城市景观的形成原因包括管理、体制、经济、政策等诸多因素，其控制手段正逐渐走向成熟，特别是将虚拟现实技术应用到西湖景观规划管理中并作为决策的依据后，景观分析技术得到跨越性发展。通过虚拟现实技术应用，建立数字景观模型，为能够从不同视点、高度、行进路线下，对拟建区域或项目建成后的预期效果提前预知，达到规划预控制的目的奠定了坚实的基础。

1. 城市规划技术发展历程

20 世纪 80 年代，随着大规模城市开发后西湖东岸建筑高度问题日益突出，杭州便着手于西湖城市景观分析的研究工作，到 1990 年代初《杭州空域规划研究》编制完成，景观分析的理论付诸实践。回顾西湖景观分析的发展，大致经历了三个发展阶段：

1）20 世纪 90 年代初：简单易控的透视计算法。

20 世纪 90 年代初，根据《杭州空域规划研究》（以下简称《研究》）提出的定量与定性结合的透视计算方法，首开西湖景观分析之先河。其主要方法是以湖心亭为主要视点，通过划定城市圈层和视觉量，建立城市轮廓线界面的定量模型，达到控制城市轮廓线，和对单体建筑进行景观分析的目的。

受限于当时的城市发展水平和技术条件，尽管《研究》中在定性分析了杭州西湖景观空间的基本形态基础上，对拟分析的单体建筑列出了详细的定量计算公式，但由于缺少直观而准确的表现手段，只能将西湖景观这一复杂的分析系统采取简单化的计算操控。尽管如此，这种景观分析方法在当时仍起到了控制城市轮廓线，保护西湖景观的作用。

2）20世纪90年代后期：计算机应用的照片合成法

20世纪90年代中后期，随着计算机图形图像技术的普及和应用，杭州市开始将拟分析单体建筑的三维模型和各视点所拍摄的环湖地区照片进行合成，使景观分析结果更加直观，并主要以二维的城市立面效果表现为主。从实质上看，主要是运用计算机代替了繁琐的透视公式计算，并通过影像合成技术将相对于某视点的单体建筑透视效果与照片叠加。但拟分析建筑在城市轮廓线中的位置、高度等，需要通过参照物对比才能与照片合成，其精度与准确度仍依赖于人工操作。

3）21世纪初：现实问题促动西湖数字景观模型建立

21世纪初，杭州开始应用虚拟现实技术进行数字模拟景观分析的尝试。通过建立西湖及周边地区的环境、城市建筑的数字模型，使拟分析建筑在城市空间中与街道、周围其他建筑的关系清晰可见，空间的距离感大大加强，使人们可以随时随地、以多种运动方式和特定角度去感受城市空间、进行三维空间的综合信息交流、进行拟分析建筑的多方案切换与比较等，其真实的规划效果为决策者、城市建设部门、城市管理部门和公众更好的掌握城市现状与未来发展、理解城市建设理念与规划意图搭建了理想的平台。而景观分析成果的表达方式既可是静态的图像，也可以形成动画效果，弥补了原景观分析方法在手段、要素、层次、成果、效率等多方面的不足（图4-41）。

图4-41 杭州建立的环西湖数字模型系统用于西湖景观分析

2. 规划技术创新思考

计算机、虚拟现实技术的应用促进了景观分析的新发展。目前杭州在西湖景观、西溪景观、钱塘江景观等周边城市建设控制中普遍采用了计算机模拟景观分析技术，极好地控制了城市对景观风貌的建设性破坏,准确的预知了未来城市开发对重要景观的影响。随着城市景观建设向以文化引领的纵深迈进,现有的景观技术显然还有待创新,具体表现在:

1)扩大计算机模拟景观分析的应用范围,不仅应用在西湖景观、西溪景观、钱塘江景观等构成城市大山水景观格局的控制方面,还应深入到内陆地区,对之江、湘湖、良渚、运河及其他城市河道、武林广场吴山广场等重要城市中心地区,以及铁路航空港等城市重要入口区,在这些城市可识别性和城市形象窗口地区均开展不同层面的景观分析技术。

2)拓展计算机模拟景观分析的应用领域。不仅通过构建数字模型,关注建筑单体高度、体量对景观格局的影响,下一步还要通过细化建筑建模水平、增强仿真度,从色彩、建筑风貌形式、细部尺度的协调度等方面整体把控重要景观区或景观界面所传递的精神空间气质。

4.2.5 小 结

本章着重以杭州目前在西湖文化景观和西湖东岸城市空间关系研究的相关规划为例,阐述城市规划主导的文化价值重塑下景观特色延续的新思路;同时以新城开发建设中传统文化迷失、时代文化精神崛起为案例,探讨在当前时代背景下新城文化价值的未来发展。在杭州城市从宏观、中观到微观的城市意象空间重塑过程中,规划一直发挥着理念引领的作用,规划思想最直接的折射出政府、规划管理者和规划设计人员这些主导城市景观特色的人所具有的审美价值。可以说,杭州城市景观发展的过程中伴随着城市规划对城市文化认知的不断加深。总结以往的经验,城市规划也正在从单纯的物质空间规划的迷惘中走出来,以更加理性的、具有历史观、整体观和发展观思路为引领,走向系统规划的新思路。可以看见,今天我们无论是面对西湖、运河、钱塘江,还是西溪、中东河,以及中山路历史文化街区的保护更新,其规划都以研究其既有历史和今天的文化精神脉络为根基,谈到系统性的景观控制思路及方法。

湖　州　市

德清

申嘉湖高速公路

宁杭铁路

宣杭铁路

塘栖组团
（人口4万）

超山风景区

临平
（人口5

径山风景区

半山、皋亭山、黄
鹤山风景区

良诸组团
（人口4万）

彭埠交通
生态走廊

主　城
（人口185万）

西溪风景区

江

临
安
市

余杭组团
（人口7万）

西湖风景名胜区

下

灵山、龙坞、午潮山风景区

湘湖旅游度假区

富

石牛山风景区

临浦组团
（人口4万）

阳

杭

淳

市

杭新景高速公路

申嘉湖高速公路

市

第5章

心中的杭州
——个性景观
构建的规划实
践及问题探讨

第 5 章
心中的杭州——个性景观构建的规划实践及问题探讨

5.1 当代城市规划中的价值基础与多元主体博弈

5.1.1 城市规划的价值基础分析

作为构建城市景观的重要手段，城市规划应坚持合理的价值取向和公共利益，保持城市规划的价值形成于多元价值形态，可以借鉴的城市规划价值的形成模式有精英主义模式、多元主义模式、多元精英模式。

城市规划作为一种社会政治行为活动，其价值基础构成包括以利益为导向的社会公共利益、个人基本利益。作为政府行为或政府职能的一部分，城市规划也不可避免地具有"政治导向性"，这种价值基础随着城市社会的历史发展演变，根据不同历史时期、不同社会环境产生变化。在城市规划的过程可以看作是在不同价值主体的价值判断之间进行利益的权衡和选择。

目前，社会主体的多元化趋势也驱使城市规划的价值基础不断向多元化方向发展，形成了社会公共价值的多元化。具体而言：

核心价值基础——维护社会公平成为城市规划自身具有社会价值与社会意义的关键内核。基于这样一种价值基础，在中国经济社会向社会主义市场经济的转型时期，特别在我国的大中城市战略性发展中构建可持续发展、建设和谐社会目标和探索战略路径就成为规划研究的核心内容。

张兵将城市规划的核心价值归纳为：环境的价值、效率的价值和平等的价值，环境价值广义上包含对城市整体生态环境的保持，具体指保障居民基本物质和人文环境质量；效率价值取向包括利益主体满意度和城市整体经济发展；公平价值体现城市规划的生态、经济和政治意义，为城市规划核心价值[40]。

公平包括观念上和哲学上的公正、正义和平等。在城市规划领域对于公平的解释上，H. Perloff 指出公平包括了三个基本要素：扩大的平等、布局的自由和较为公平的资源分配，规划与政策制定可以此为衡量准则或优先标准。根据现代可持续发展理念，城市规划的公平观还应该包括了未来的公平。这是由于城市规划本身基于对未来相当长一段时间的发展趋势预测未来城市所达到的状态，并据此制定的指导当前人们行动的规则。

城市整体利益、社会公共利益构成是城市规划社会价值的基本原则和指导标准，并且在这一基本准则下形成了经济、商业和技术创新等专业价值。通过专业角度的价值进行综合性的分析判断、预测城市未来发展，为现实活动提供行动准则。反过来，专业化的价值在于通过理性与科学的方法、技术手段减少社会价值判断的不确定性，为城市规划的决策科学化提供理性基础和智力支持。

5.1.2　城市规划的行为主体及其空间利益

城市规划空间利益的需求和实现要充分考虑政府的空间利益行为、开发企业的空间利益行为、市民的空间利益行为、专家的空间利益行为。

1. 政府的空间利益行为

政府通过行使政治权力来实施对于社会经济关系调节，由于政府的形成建立在一定的公共职能基础之上，因此政府在某种意义上代表了社会利益或者公共利益。城市的政府代表城市社会对城市进行管理，维护城市整体利益。

政府的空间利益行为表现在几个层面上。

首先，国家政府通过国土规划、区域规划或城镇体系规划各种宏观规划控制城市发展的总体规划，指导城市建设行为。在法律上首先对各级土地利用规划、城镇体系规划、城市总体规划之间的层次衔接关系作出规定，以保障上层次规划成为下层次规划的指导依据，并通过严格的审批上报程序实现规划意图、宏观调控内容的逐层落实和延续。

其次，政府通过直接或间接投资引导城市建设的发展方向。跨区域性、垄断性的重大基础设施如高速铁路、航空枢纽等需要巨额资本的投资，通常由政府直接投资建设，而且对于城市发展产生决定性作用。在我国及其他正处于工业化发展中期阶段的国家，工业化过程的一个突出特点是制定区域性的工业投资优惠政策，例如设置"经济特区"、"国家级产业园区"以及各级省市级工业园区。这种强烈的政府导向性政策成为带动城市发展的重要驱动力，工业区域的整体开发及重大工业项目的引进可以造成城市空间系统一系列结构性的变化。

第三，基于对政绩的追求和任期的限制，城市政府及其领导人往往通过城市空间景观的营造手段期望短期内改善城市形象、提高城市知名度。现行的政府考核机制与任期制度，相当大程度上影响并决定了城市政府的行为方式。作为城市政府整体或者拥有决策权的领导人常常倾向于关注本届任期内可以体现成果或立竿见影的事项，如常见的城市景观整治工程、市政广场或标志性建筑物工程等。对于涉及城市发展长远利益而近期难以体现成效的事项，如城市的生态环境保护则往往停留在政治口号之上。

2. 开发企业的空间利益行为

开发企业是构成城市空间资源分配的重要利益主体，也是城市经济功能的主体。在我国当前转型期，开发企业已经向多元化方向发展，包括了国有、集体、民营、个体不同所有制形式，以及国资、外资、合资、股份制等多种经营形式。

开发企业对城市的影响表现为不同的空间利益行为。根据产业类别的不同，对城市空间发展、城市景观具有关键性影响作用的是工业企业和房地产企业。

在信息时代、知识经济及全球化的背景下，产业的分工体系随着世界劳动力的分布而发生了重大变革，工业园区的兴起成为中国城市空间的重要构成部分。跨国企业根据产业链不同环节的生产需求和劳动力成本选择适宜的空间区位，在中国各地设立的高科技产业园区和工业区投资办厂，各类园区的建设成为了中国城市建设的主要区域，并在很大程度上改变了中国城市的景观形态。与此同时，我国乡村地域以廉价的土地和劳动力、宽松的环境管制也吸引了大量的国内外投资，出现了我国独特的乡村工业化景观。

由于城市居民房屋分配制度的改革以及土地出让制度的改革，直接导致了城市居民对住宅的需求量大幅增加，促进了房地产市场的繁荣。借此，房地产企业成为了一支强有力的影响城市景观形态的力量。房地产开发公司的空间利益行为方式是通过较低价格获取土地开发权，通过土地价值的上升从中获益。因此，房地产开发企业的逐利本质决定它们的行为方式与政府开发行为带动区域发展的意图相反，它们主要选择具有土地升值空间的开发地块进行建设。而具有升值空间的区域往往是城市中心区或历史地段，这些区域又是形成城市景观特色的核心区域。

3. 市民的空间利益行为

　　市民是一个复杂的社会概念，广义的市民包括政府官员、企业决策者和员工，也包括保护规划专家和对规划决策影响力较小的一般市民。本书所指市民区别于对城市规划决策上具有较大影响力的政府决策者、企业决策者和专家的其他城市居民。

　　市民的空间利益行为表现与政府和开发企业截然不同，基于对居住、公共服务设施、环境、工作就业场所等方面基本需求的不同，体现为对城市空间被动的选择。近年来，继《物权法》出台以后，我国城市居民对于个人利益的维权意识增强，通过诉讼、上访等途径阻止新建建筑对个人拥有的住房产生的遮挡日照、遮挡景观、减少绿地等不利影响。

　　随着"市民社会"的兴起，现代城市规划的决策过程逐渐走向市民广泛参与，探寻全社会共同选择决定城市的发展，在公众参与程度较高的西方社会，市民的分散化空间利益行为开始整合形成相对稳定的经济或社会组织的共同利益，从而以更强的干预力量介入城市规划的空间决策过程、产生更加深刻的影响。

4. 专家的空间利益行为

　　在这里专家主要指以城市规划师为主的相关专业人员。

　　专家的空间利益需求的一个突出表现是对非财富价值的追求，希望通过自身的规划成果维护公共利益、获得社会认同。这种认同会包括多个方面，其一是来自委托方对其规划水平的认可，这在潜移默化中会导致专家为获得认可而迎合政府偏好。因此，专家对非财富价值的追求从根本上也是源于自身利益需求的偏好，在客观上既可能增进公共利益，也可能成为政府实现其利益的"技术辩护者"。

　　在现行制度安排下，专家既不能独立决策，也不能独立实施规划方案，其行为能力主要来源于所掌握的知识以及在规划过程中作为沟通者的特性。由于空间规划和空间协调能力的职业特性使得专家能够与各个主体进行沟通，有机会通过编制规划方案进行引导，也可以在规划决策中发表意见，并在某些情形下帮助其他主体表达意见。专家的行为能力取决于政府力、市场力、社会力三者的力量关系。当经济不景气，政府更多依赖于开发企业的市场力时，专家的行为能力就相对薄弱。当经济发展良好，政府对资本依赖小，专家对政策的引导作用就会增强，可以更有效地提升维护公共利益的行为能力。

一方面，各种规划法规、技术规范和行业标准是约束专家行为能力的重要因素，规划师等专家的行为和规划成果必须满足相关的法规规范；另一方面，专家也可以通过规范制约其他主体的行为。专家在规划过程中主要职责在于编制规划方案和提供咨询意见，主要扮演与各方主体沟通的中介者角色，因此，其利益实现方式表现为与其他主体的互动。

首先，专家要与政府合作，其方案和意见能否被接纳，主要取决于是否符合决策者的利益需求，专家无法独立实现规划理想，因此在现行制度环境下，与政府合作是必不可少的途径。其次，专家还应借助市场的力量。一方面担任监督者保证土地和空间资源开发中的法规执行情况；另一方面作为合作者，又要在规划选址、基础设施建设等方面提供技术服务。最后，随着市民社会雏形的日趋显现，专家还应尝试通过与社会力量的结合实现对政府和开发企业行为的监督和制约。

由于专家在城市规划过程中所扮演中介者的角色，使得其空间利益行为结果不仅取决于自身的价值取向，更取决于其与其他主体的利益结构关系。一方面，专家的职业道德要求其以维护社会公共利益为职责，使得其技术服务具有自然属性，其价值是中立的；另一方面，相关制度和其他主体的介入，又使得技术活动具有社会属性，有价值倾向。因此，在多元化的个体利益冲突中，仅仅依靠专家的职业道德，维持价值中立，往往难以达到维护公共利益的目标。而且，现有主体利益结构中社会公众力量非常薄弱，专家在维护公共利益过程中由于缺乏具体力量的支持而面临更多的困境。因此，规划师的空间利益行为结果更取决于地方政府、开发商、社会公众三个利益主体之间的关系，当这三者的关系达到均衡时，专家作为技术性的辅导力量，其利益协调作用才能真正发挥，实现规划理想。

应该注意，一方面，专家同其他主体一样，有自身的利益诉求，有自己的价值倾向。就城市规划师而言，又可分为政府规划师和执业规划师两种情况来分析。对于执业规划师，其首要目标是服务于就职机构，其行为必须符合组织机构的利益需求，其利益，往往是经济利益通常是建立在雇主满意的前提条件下，因此很多规划师不得不为雇主的利益最大化而背离自己的职业理念。另一方面，政府规划师面临的则是来自行政组织和职业两方面的可能矛盾的角色冲突，既要服从政府决策制的领导体制，服从领导的决策，又有维护社会公共利益的职业立场。目前充分认识规划师角色的复杂性和冲突是政府维护公共利益，维持宏观空间利益均衡，维护城市规划的人文社会价值观，分析城市规划文本社会性价值及其科学性的基本出发点。

5.1.3 城市规划的公共政策属性及其对建设行为的有限约束

在我国整体社会政治经济转型的过中，伴随城市政府职能逐步向公共服务的转变，作为政府职能的一部分，城市规划也日益凸显其公共政策属性。自从 2006 年《城市规划编制办法》第三条明确了"城市规划是政府调控城市空间资源、指导城乡发展与建设、维护社会公平、保障公共安全和公众利益的重要公共政策之一"，这一认识已经成为业界的共识。

基于对其公共政策属性的基本认知，与传统计划经济时代下"国民社会经济计划的深化落实和空间部署"相比较，当今的城市规划被赋予了更为崇高的使命。例如，通过空间资源的配置实现对不同主体的利益矛盾的协调和公共利益的维护；调整空间从而适应新型的产业需求；规划基础设施配置以吸引流动投资、带动经济发展等等[76]。

因此，城市规划公共政策属性的延伸和拓展，对于城市规划原本根植的"科学"与"理性"的蓝图式、技术型规划提出了严峻的挑战。长期以来城市规划思想基础、规划调控的领域局限于城市发展物质领域，规划被认为是技术、艺术和科学。这种传统城市规划编制与管理在理念、理论、技术方法各方面已明显显示出种种的不适应，在社会实践与操作中导致一系列的"失效"问题。

在我国现阶段城市规划实施过程中出现的各种失效问题，或者说对于城市建设的调控乏力问题，究其根源在于"蓝图式"规划忽视了物质空间背后的社会、经济、政治因素，面临日益复杂的社会经济环境、纷繁复杂的多元化价值关系而力不从心，最终表现为城市建设失控、空间利益失控、矛盾日益激化、公共利益难以保障。

当前，城市规划对建设行为约束的有限性表现宏观控制失灵、规划管理与实施的失效和景观控制的薄弱等方面。

1）宏观控制的失灵与具体建设失控

城市规划实现宏观控制的最主要方式之一是由上而下逐层向分解规划控制指标。为有效实现城市整体利益与总体规划的综合目标，落实总体规划的基本要求，大城市在法定的总体规划 - 控制性详细规划中间还增加了分区规划层次，也是源于这种控制思想。下层次规划较之上层次规划在控制规模、规划指标上的层层突破、控制性详细规划频繁修编和调整中对局部地块的容积率和开发量的提高都清楚的表现出空间的规划方案在指导城市建设具体实践的不适应，达不到预期效果、以过高成本实现预期效果以及产生过多负面效应等。

规划控制的失效结果是城市发展总体资源配置超越或突破总体规划目标，城市的空间功能紊乱，发展方向与空间结构的失衡，突破城市生态环境的容量从而造成环境破坏，以及由此引发的一系列"城市病"和城市问题。

2）规划编制环节的失效

尽管城市规划在城市整体发展建设中被赋予了至高无上的"龙头"地位，在现行的政府职能分工下，规划管理部门仅仅是城市政府下的一个职能部门。实际规划编制的内容涉及过于广泛，往往需要超越规划部门的自身统筹协调范畴。而且目前空间资源配置与管理的主管部门还有国土、发展改革部门等，一些独立的开发区、非市属部门、军事单位等都不在城市规划主管部门的管理控制之中，需要通过更高层次的途径协调矛盾、解决问题。

另外，控制性详细规划作为直接进行建设项目管理、提供行政许可的基础规划依据，其编制还是规划部门内部的操作范围，尽管城乡规划法已经明确规定，法定规划在报批前需要不少于三十日向社会利益相关者征询意见，事实上这种公共参与规划的过程往往由于规划的过于技术性而流于形式。且待开发地块的规划指标设置因为没有具体明确的建设项目依托缺乏操作性，并由此带来了一旦有具体建设项目的进入必然引起规划地块局部指标的调整、甚至用地性质的调整的问题。

3）建设项目实施管理中的失控

如上文所述，规划编制过程中存在所确定的规划控制指标科学性不足以及依据不足的问题。在建设项目实施管理过程中，这个因素仅仅是造成规划控制失灵的一个局部因素。事实上，大规模建设项目（例如工业企业）的引入、重大市政公共设施的选址等并非完全依照规划进行选址，因项目选址进行规划的优化和调整是十分常见的现象。

规划在城市景观方面对于具体建设项目的控制或引导作用也十分薄弱[30]。近年来全国许多城市在景观控制上做出了大量努力[33]，例如通过总体层面的城市设计、编制详细的城市设计导则以指导不同特色、不同地段地块进行微观层面设计；针对户外广告混乱产生的城市景观杂乱不堪、对城市美观造成的严重破坏而制定户外广告控制规划或者整治规划；对于城市景观重要构成要素——色彩问题探索研究并期望以色彩为手段实现城市景观特色的维持和保护，以此为导向制定城市色彩规划或建筑色彩设计导则。这些为保护城市景观、凸显城市特色而进行的大量规划在一定程度上体现了城市规划对城市景观问题的高度重视，但是在规划实施过程中由于规划控制指标可操作性、规划审批工作的局限性等原因，落实到对于具体建设项目的景观设计指导却十分有限。

5.1.4 小 结

在新的时代背景、社会政治经济环境下，城市规划的本质属性也发生着转变。本章从城市规划价值基础上进行深层剖析，城市规划作为一种社会政治行为活动，社会主体的多元化趋势也驱使城市规划的价值基础不断向多元化方向发展，形成了社会公共价值的多元化。核心价值基础——维护社会公平成为城市规划自身具有社会价值与社会意义的关键内核。城市整体利益、社会公共利益构成是城市规划社会价值的基本原则和指导标准，并且在这一基本准则下形成了经济、商业和技术创新等专业价值。

城市规划空间利益的需求和实现要充分考虑政府的空间利益行为、开发企业的空间利益行为、市民的空间利益行为、专家的空间利益行为。由于政府的形成是建立在一定的公共职能基础之上的，因此政府在某种意义上是社会利益或者公共利益的代表。政府的空间利益行为主要表现在通过国土规划、区域规划或城镇体系规划各种宏观规划控制城市发展的总体规划指导城市建设行为、直接或间接投资引导城市建设的发展方向、城市空间景观的营造手段意图改善城市形象与投资环境几个层面上。开发企业是构成城市空间资源分配的重要利益主体，也是城市经济功能的主体。市民的空间利益行为表现与政府和开发企业截然不同，基于对居住、公共服务设施、环境、工作就业场所等方面基本需求的不同，体现为对城市空间被动的选择，并且逐渐以更强的干预力量介入城市规划的空间决策过程、产生更加深刻的影响。专家的空间利益需求的一个突出表现是对非财富价值的追求，希望通过自身的规划成果维护公共利益、获得社会认同。

城市规划公共政策属性的延伸和拓展，对于城市规划原本根植的"科学"与"理性"的蓝图式、技术型规划提出了严峻的挑战。长期以来城市规划思想基础、规划调控的领域局限于城市发展物质领域，规划被认为是技术、艺术和科学。这种传统城市规划编制与管理在理念、理论、技术方法各方面已明显显示出种种的不适应，在社会实践与操作中导致一系列的"失效"问题。当前，城市规划对建设行为约束的有限性表现为宏观控制失灵、规划管理与实施的失效和景观控制的薄弱等方面。

5.2 构建社会协同的城市规划管理机制——防止景观趋同的保障措施

5.2.1 城市政府的角色定位

1. 城市政府规划干预行为的思想基础

现代公共政策理论及城市规划理论认为，政府有必要对于公共领域的社会活动进行必要的干预[10]，城市规划是政府干预社会利益主体进行城市建设的基本手段。因此城市规划作为政府干预公共领域的行为，必须以民主的理念、维护市场公平、体现公众意愿为基本准则，协调各方的利益冲突。城市规划的具体任务就应该在这些基本目标下为城市居民提供美好、适于居住的物质空间环境，从而促进健康文明的社会生活，这是城市规划成为一种具备社会价值观念和人文主义倾向的空间利益协同手段的理论和思想基础。

另外，从人的基本需求发展阶段判断城市规划的思想基础也是不断演化提升的过程。正如马斯洛关于人的基本需求的层级理论所言，随着生活和文化水平的提高，人的需求将逐渐从生理、安全的最基本的需求上升到获得尊重、自我实现、学习和美学等高层次的需求。因此人们对城市空间的需求从保障最基本的生活、生产、交通、游憩需求，开始向追求更加优美、更加舒适、富有特色与文化品质的城市景观，体现人们对自身价值、提高生活质量、社会融合等方面的需求。

基于此，城市规划在公共利益为导向下为实现城市社会的价值提供保障，在执行合理的空间资源配置、调节空间利益的任务中一项不可或缺的内容就是保护城市的特色，防止城市景观趋同问题的严重化导致城市精神的失落、城市价值的丧失。政府以规划手段干预城市景观、保护城市景观或引导塑造城市景观，通过专业技术手段、以公共政策的基本形式，直接针对城市历史与自然景观的衰退和破坏、公共开放空间的预留和提供进行主动或者控制性的干预。

2. 传统城市规划的景观干预手段及其局限性

传统城市规划在城市景观塑造中的角色与作用一般以政府投资建设、控制管理等直接作用于城市空间景观的手段和措施为主。

1）城市政府对城市景观干预、引导和整治方式及其局限性

（1）标志性景观

政府形象工程是塑造强化城市的标志性景观、局部景观是较为常见的方式。杭州市用近十年时间规划建设钱江新城塑造新世纪杭州大都市的形象和风貌，使杭州市城市整体景观格局从"三面云山一面城"的"西湖时代"向大气磅礴的"钱塘江时代"跨越，与西湖秀美的古典城市景观形成交相辉映。钱江新城核心区的三大公共建筑，市民中心、大剧院以及国际会议中心都是政府投资建设，这三大公共建筑以及之间的公共开放空间形成了钱江形成最核心和最鲜明的城市景观，这是在杭州政府主导下的城市景观形成的最著名的例子。这种方式下形成的城市景观失败的例子很多，城市政府很容易遭到诟病。因此，必须精心规划城市景观，减少政府决策失误。

（2）历史文化景观保护

通过对历史街区、地段进行强制性的保护措施制定，严格控制周边建设以实现新建城市建筑景观与历史景观的相互协调。历史文化景观是城市景观的一个非常重要的内容，其构成要素主要是历史建筑、街区、街道、树木等，反映了一个城市成长的年轮，是城市历史印象的最集中体现。杭州市 1982 年被公布为国家历史文化名城，21 世纪初以前城市历史建筑景观的保护以分散式对国家级、省市级文保单位的抢救性保护修缮为主，2003 年开始历史景观保护视角开始向成片留存的风貌特色历史空间的整体保护拓展，至今已公布了 27 个历史街区和历史地段以及 285 处历史建筑，形成了以历史街区、历史地段、历史建筑为核心的城市特色历史景观。这些历史文化景观与近现代建筑和街区形成的新的城市景观一起构成了杭州完整的城市景观，因而具有独特性。

（3）景观综合整治

对景区、沿河沿街、城中村、衰败的旧区等城市重要景观界面、区域直接投资进行改造以改善城市景观。以系统综合理念为指导，杭州近年来进行了一系列城市景观综合整治工程，例从西湖综合保护、西溪湿地综合保护、运河综合保护，道路综合整治与河道综合整治，"城中村"改造与城郊结合部成片整治。西湖综合保

护工程将景观整治、绿化、引水、造景融合为一体；运河（杭州段）综合整治与保护开发工程将截污、驳坎、清淤、绿化、配水、保护、造景统一；市区道路综合整治、市区河道综合整治与保护开发、背街小巷改善等工程均涉及道路改造、建筑立面整治、城市家具配置、绿化和"亮化"、广告和店招店牌整治、架空线"上改下"、历史文化"碎片"发掘与整理等多项内容。

随着城市竞争的越演越烈，城市政府对城市景观干预、引导和整治重视程度日益提高，大型的整治工程与强有力的控制手段取得了显著的效果，城市景观在较短时间内表现出明显的改善和提升，对于带动景观改善区域影响范围的开发、改良城市居住与投资环境也取得了比较良好的效果。但是，这种政府完全主导的模式仍然具有较大的局限性。

政府主导型城市景观改造模式往往以城市决策者的思想意愿为核心，是一种"精英化"决策模式。这种决策模式的优点是具有较强的实施性，强调解决某个具体问题，效果显现速度快，但是由于这种模式缺乏对城市空间景观的文化、艺术、历史价值、经济性等多方面综合元素的统筹及长远的考虑和制度保障，景观的提升改造过于关注短期效果，缺乏可持续性考虑、长期维护与运营经济性的考虑。尽管杭州市在"城市有机更新"理念指导下的各种各类综合整治工程强调一定系统性综合性特点，这种政府投资主导的景观改造模式仍然难以避免就事论事地寻求问题的局部解决途径，因此不可避免存在弱点。

2）综合性、专项景观规划控制管理及其局限性

在试图更系统性、全局性进行城市景观特色塑造上，总体层面城市设计的方法被应用于城市规划的景观管理。为引导主城区城市土地合理利用，为政府和规划管理部门审议、评估和修正主城区城市建设项目提供城市设计整体框架和决策依据，杭州市于2006年编制《杭州市主城区城市设计导则》。该《导则》指导思想是通过功能与空间形态的梳理提高城市的吸引力，把杭州建设成为历史文脉清晰、文化特色明显、生活环境优越、充满活力和创造精神、体现和谐、节约思想的城市，塑造优美山水的空间格局，强化城市地域文化特色，构建"双心联动、两山呼应、以水为网、依江抱湖"空间景观格局。该《导则》编制意图在于指导下层次的控制性详细规划、局部地块城市设计或景观设计以实现城市整体景观格局的构建。这种城市设计方法基于系统理论为导向的综合规划逻辑，具有综合性、总体性、长期性等优点。但是由于这种方法缺少法定地位、控制程序，基于手段上的工具理性等问题，导致在规划管理上的消极与被动地位。具体表现在大量

信息无法转化为管理语言，因此可操作性弱；缺少可以衡量的评判标准，行政管理人员无法控制在规划建设项目审批中的自由裁量权。

在城市宏观景观特色研究与总体城市设计的基础上，我国很多城市也从更专业化的视角研究探索城市景观特色塑造方式。杭州市从 2005 年着手研究杭城的"浓妆淡抹总相宜"的色彩特质，将城市经历漫长发展过程形成的自然、优美、和谐的色彩景观作为宝贵财富加以挖掘，针对快速城市化带来的城市色彩景观混乱问题提出规划控制对策。自此之后，对城市公共空间领域涉及的户外广告、城市雕塑以及建筑第五立面都进行了专项要素的景观研究。与城市设计导则相类似，此类的景观控制规划都因法定地位缺失等原因缺乏现实可操作的途径而难于指导具体城市建设项目的实施。

3）沟通协商机制与公众参与

无论是政府主导型的景观干预还是被动型的规划设计和管理控制，面对当前社会利益主体多元化的趋势，都迫切需要配套的制度和程序保障相关利益者或主体的沟通协调、公众的参与。我国《城乡规划法》对城市总体规划即控制性详细规划有明确的条文规定要求征询利益相关者意见。但在城市景观规划控制的各个重要过程性环节，包括规划编制前期、地块开发前期、设计的评审、方案的修改等都十分缺乏多元利益主体和相关者的介入[42]。

不同于法定的规划以及建筑单体设计，涉及城市景观的城市设计、有机更新、街景整治规划等并没有法定的要求必须进行公众咨询，因而基本上属于体制内的规划决策行为。对于由此塑造的城市景观决策者承担着最主要的责任，城市景观一旦形成就很难改变，缺乏独特城市文化支撑的城市景观必然在长时期内成为批判的对象。

3. 城市政府在景观干预过程中角色重新定位

政府干预的理论认为，政府在公共领域进行公共政策的制定、监督过程环节中所扮演的角色应该是制度创新与进步的推动者、政策创新的组织者、民主意识的培育者、政策落实的监管者和弱势群体的代言者。城市规划对城市空间景观干预是一种政府决策行为，决策行为涉及的科学性、合法性也要求进行规划制度创新、民主意识培育和政策监督。

1）制度创新与进步的推动者

我国制度环境的变迁要求城市规划积极变革以适应城市政府职能的转变需要。这种变革的要求超越了城市规划技术方法层面，城市规划的价值观基础的变化要求从根本上反思城市规划制度的社会功能，要求从规划制度上进行创新以弥补规划技术方法改进成效不足。

首先，政府通过城市规划对城市空间景观实施干预是涉及对空间的利益的调控，因此相关利益主体在空间调控过程中的基本权利关系构成了各自行为能力的基础，需要政府从主体组织创新方面培育多元平衡的"政策网络"结构。主体组织的创新，一是构筑地方人大与城市政府之间的委托——代理关系，突出地方人大在规划决策中的主导地位，完善城市规划委员会制度；严格按城乡规划法的要求，就总体规划实施每年进行评估并向人大汇报，由人大就总体规划的实施向各相关部门进行责询，这是约束政府行为、维护规划性、严肃性的重要措施。二是形成城市中各种利益主体参与规划决策的民主机制，实行城市规划公共选择的权力制衡机制配套措施，通过制度创新培育社区自治组织、市场中介组织，赋予其参与到城市规划过程的主体资格和权力。

第二，通过制度创新使主体的空间利益行为规则形成相对平衡的激励和制约机制。这也符合当代公共行政管理所强调的"平衡论"，即"现代行政法应当在维护、监督行政主体依法行政与保护公民、法人、其他组织的合法权益之间，谋求一种平衡"——一种通过对行政主体与行政相对方的有效激励与制约、实现行政权与相对方权利的结构性均衡，以兼顾公共利益和个人利益，确保社会的持续稳定发展。城市规划活动是各种主体基于不同利益目标相互作用的过程。由于空间的复杂性和多层次性，使得有关空间开发活动的规则——规划制度，必须根据空间要素的特征来界定，同时清晰地界定与该空间开发活动的利益相关主体。作为拥有规划行政权的规划部门，为了维护城市发展的整体利益和长远利益，不应过多关注于具体个案项目的管理，而更应重视制度建设和管理规则的制定。现行的规划制度偏重于对主体资格的规定，而对主体行为的利益激励和制约机制比较缺乏。因此，基于空间利益调控的角度，通过确立城市规划责任追究制度、督察制度和行政救济制度等制度创新活动，才能有效改变主体行为规则与主体利益不匹配的格局。

2）政策创新的组织者

城市规划作为一种制度创新，还要依靠一系列政策工具来贯彻实施。不同层次的规划对应于不同层级的主体利益。构建基于空间利益调控的城市规划政策体系，有利于整合相互冲突和离散的部门规划和政策，明确不同层级规划（政策）的功能。

由于在相当长的时期内，规划编制被视作一项技术工作而非政策制定的过程，造成规划师也存在着规划的法制意识淡薄等问题，实践中下层次规划编制违反上层次规划规定的现象并不少见。对于违反规划进行建设的行为还有一定的处罚，但对于规划本身违法的问题却往往少有追究，听之任之或束手无策。建立整体的规划政策体系，可以在现有的规划体系框架里，根据规划的层级和内容进行区分，明确权限和责任，并制定相应的监督检查和惩罚机制。

由于城市的复杂性，城市的公共政策涉及各个方面，这就必然要构建相互统一和协调的政策体系。城市规划是空间政策的基本内容，其目的在于通过对城市发展过程的干预，形成一个既符合人类发展需求的城市空间环境，又符合人们审美意向的城市景观，这种城市景观反映了当时的城市文化价值。在城市空间环境的生长过程中，城市空间关系的调整是城市整体社会经济关系变化的结果，各个社会经济领域的政策，只要对城市空间产生影响，都应该与城市规划协调。因此，城市规划（尤其是宏观层次规划）需要将各个部门、各个领域的政策在空间层面上进行综合和整合。

以典型的城市景观控制规划——城市设计导则为例，它并不是直接用于指导建设项目实施的规划，其空间意义是城市景观建设与控制的整体纲要，是一种政策规划。作为政策规划并不是为城市的各个相关部门直接制定各类具体的实施行动计划，而是通过对规划实施过程的分析和认知，制定和选择能够最有效达到城市发展目标的政策引导，为城市景观的塑造提供依据和框架，以及组成保障规划实施的政策框架。

3）民主意识的培育者

城市规划从本质上来说是人类对自身未来活动的总体设计，为公众利益而实施。从目前来看，城市规划中民主意识的培育主要通过公众参与城市规划过程来得以实现。这种角色的承担既有被动也有主动的因素。被动的因素在于缺乏公众参与的规划方案在实施中遇到阻力，影响了行政效率，迫使政府改变自上而下的传统思路，需要更倾听老百姓的呼声；公众公民意识的觉醒、维护自身权利的力度增强，也让政府意识到规划得到公众认同的重要性。主动的因素在于政府也认识到公众参与是双刃剑，固然约束了政府的行为，缩小了自由裁量权，但也成为很好的武器来对待来自其他部门的行政干预。

我国在公众参与城市规划方面已取得了一定进展，公共参与诸形式也在尝试之中，这无疑对于实施城市规划有了一个好的开端。我国公众参与城市规划大致采用以下三种形式：

一是召开公开会议，这是宏观解决办法。即召开一系列由各代表阶层参加的会，把政策和方案公布于众，并向公众阐明，然后讨论，征求评论，形成修改意见，并将其意见吸纳进城市规划政策和方案中。这种形式，是我国城市总体规划编制中常用的一种传统手法。但无论从面上或是深度上以及最终对公众意见采纳上仍十分有限或薄弱，有的也只流于形式，毕竟，公民关心具体的项目胜过关心城市的整体布局。

二是召开专业性代表会，讨论技术问题。这种会议，即邀请技术性代表或政治性代表参加。这是我国城市规划编制和审查常见的惯用方式，也是我国规划行政和技术封闭决策的成熟方式。参加会议各专业专家和各行业主管部门领导，就有关技术和政策进行评论，提出修改意见，而此类意见往往作用较大，有的甚至起决定作用，但其是否真正体现民意就不言而喻了。

三是民众参与，这是微观解决办法。就是征对有关涉及公众自身现实利益的规划问题，在一定社区范围内召开，有影响的社区或居委会居民、群众参加，广泛征求其意见，经充分协调后，吸收其合理成分作为规划决策的依据，这种方式在详细规划（如旧城改造中）、城市设计和建筑设计等领域涉入越来越广泛，这种形式往往是面对面，针对性较强，冲突较激烈，效果也越明显，参与程度较高。

实际上我国公众参与城市规划的领域也在不断扩展，而且，有的内容或形式正在逐步规范化、法律化，以下举措足见一斑：

（1）城市规划公示制度。我国《城市规划法》第二十八条规定城市规划经批准后"城市人民政府应当公布"，此条就表明城市规划一经批准后就必须向市民公布，广泛宣传，让市民对城市规划既有执行的责任和义务又有有知情权和监督权，使城市规划在全社会各阶层公众的关注和支持下得以逐步实现。

（2）城市规划听证制度。《中华人民共和国行政处罚法》第四十二条规定"行政机关作出责令停业、吊销许可证或者执照、较大数额罚款等行政处罚决定之前，应当告知当事人有要求举行听证的权利；当事人要求听证的，行政机关应当组织听证……"此条就给公众有了一个合理保护自身实施规划利益的法律保障，同时表明城市规划行政主管部门的行政行为必须在法律规定的范围内实行，城市规划行政主管部门的行政行为如果没有告知利益相关人申请听证的权利，或者没有按法定程序倾听公众意见并按法定程序进行，其行政行为将是无效的。这是公众参与规划、监督规划、掌握规划决策权得到法律保障的重要体现。

（3）法定图则制度。深圳市借鉴香港等地经验，结合深圳的实际确立了适应社会主义市场经济的规划图则体系。深圳市人大常委会颁布的施行《深圳市城市规划条例》规定，法定图则的审批部门是"深圳市城市规划委员会"。市规划委员会作为深圳市城市规划决策走向公开化和民主化的标志，其特点一是规定了人员构成的非官方主导形式，即其成员是非公务人员占据多数，《条例》规定，在29名规划委员中，公务人员不超过14名。这些非公务人员是由具有本市户籍的有关专家和社会人士组成，其产生办法经过公开推选后由市政府聘任。所有委员均以个人身份获得委任，并不代表所属组织。此外，《条例》还规定了审批程序中增加了公众意见征询和市规委审批等程序，实现了规划决策公开化、民主化，以保障公共利益；二是规定了法定图则草案公开展示30日以征询公众意见，并对公众意见进行认真审议，明确了公众参与已以法律的形式予以确认。

（4）政务公开制度。城市规划管理部门作为政府的行政职能部门，是体现政府廉洁、勤政、高效、务实形象的重要窗口之一。作为城市公共利益的忠实代表和维护者的城市规划部门也必须在公众的广泛监督下行政，规划的实施也必须在公众的监督下进行。在全国许多城市都实施了城市规划管理的"规划条件、规划政策、规划审批、规划程序、规划执法、规划结果"等的公开制度。通过政务公开，让公众参与规划，让公众更多地掌握规划的知情权和决策权，符合市场经济公平、公正的原则，也可有利遏制城市规划办案中的腐败，提高办事效率，实现规划管理规范化和制度化，这对于改变城市规划管理部门的公众形象无疑是一种有效措施。

此外，在城市规划编制阶段中的市民问卷调查、公开展示方案征求意见、各利益代表座谈、社会征集规划；在城市规划审批阶段人大、政协、党委、政府、军队等方面集思广益广泛征求意见、审议等；在城市规划实施中聘请城市规划监察员、人大专项执法检查及年度报告制度、社会舆论监督、新闻监督等等制度和方式，都是为了最大限度地反映民意，最大可能吸纳民意中的优秀议案，优化城市规划，实现公众整体利益最佳。或许，这些方式还需要进一步规范或要作较大的修改、完善，但它毕竟是我国城市规划刚刚起步的公众参与规划、监督规划和规划民主化决策进程中的闪光点和希望所在。

4）政策落实的监管者

城市政府不仅是规划政策的制定者，还肩负着对政策实施进行实时监控、检讨的使命。城市规划实施的监督检查，是城市规划行政主管部门依照有关法律、法规和规章，直接对行政相对人在建设使用土地和建设活动中行使权利和履行义务的情况，进行监督检查或作出影响其权利、义务的处理的具体行政行为。城市规划实施的监督检查，按其行为方式分为行政检查、行政处罚和行政强制执行几种行为。按照现代管理的原则，制定、审批城市规划相当于管理决策，规划实施相当于管理执行，规划实施的监督检查相当于管理反馈。

5）弱势群体的代言者

相关市民参与规划编制与实施监督的直接动机是为了维护自身的权益。由于市民并没有行政检查的权利，难以获得全面的信息，往往只有到规划实施阶段，市民发现建设工程已经（或即将）损害自身利益时，才会采取行动。由于某些工程建设本身违反规划或未经规划行政许可，市民的监督可以及时将信息反馈给政府部门，并要求政府部门采取行动维护其合法权益。因此，相关市民的参与可以协助规划部门及时发现违反规划的情况，规划部门也可以借助相关居民的压力，要求开发建设单位遵守规划。

由于在这一阶段规划许可过程已经结束，而且开发建设单位往往已经在建设工程上投入了大量资金，这就使得相关市民要维护自身利益必然导致开发建设单位强烈反对，主体之间协商解决的空间缩小。相关市民只能采取行政复议、行政诉讼或是信访、上访等方式表达和维护自身权益，这种滞后的利益维护，往往伴随着巨大的社会成本和局部社会矛盾的激化。因此，规划部门应该建立公开、透明的审批机制，要求开发建设单位充分公示建设方案，使开发建设单位和相关居民在规划许可阶段就相关利益矛盾充分协调解决，减少实施阶段的冲突。

5.2.2 法定程序下的精英（专业化）管理

1. 城市规划的政治属性

1）城市空间价值与城市规划的政治属性

城市空间隶属于自然界的一部分，但是由于城市中的"人"构成了城市社会的中心，是城市建设的主体，人对于空间的欲望、需求及价值观念是城市空间价值形成的主导性因素，城市空间的形成与政治和意识形态密切相关。而空间资源的有限性、空间的公共属性、空间资源的稀缺性决定了城市规划在空间资源配置过程之中充满了各种矛盾，这些矛盾无不从"人"的利益和价值观念出发，表现在个人与集体之间、少数与多数之间、近期与长远之间、不同团体之间。城市规划对在协调"人"的利益和价值观之中，对空间资源进行分配，实质是政府用具有权威性的公权力的政治过程。

2）城市空间价值、民主政治及城市规划政治过程

城市发展建设过程体现了城市建设主体的自身利益、价值观念以及审美观念。有关城市社会价值的理论认为，社会经济与产业的发展成长仅仅构成了城市价值的物质形态和物质基础，而构成城市规划政治共同体的各成员的价值观在规划的社会政治过程中都必须予以反映。现代城市价值经历相当复杂的形成历程，包括了政治、经济、社会、人文等方面价值的形成。现代民主政治发展不断成熟，完善的民主政治过程是现代城市社会多元主体在城市规划过程中体现自身价值的有效途径和城市价值实现的理想状态保证，民主意味着让城市规划的政治过程中做出的每一个决策都要实现大众参与。在现代的大型社会体系下现实城市规划运作中，绝对意义的民主、全面参与型的民主不可能实现，民主与城市社会的运作效率、效益等多方面因素需要在一定程度上妥协中进行统一，以实现城市发展综合目标实现的最优为原则。在此，政治学中的精英主义和多元主义理论模型可以为城市规划及城市规划中政府主导的景观干预方式、方法、干预过程和制度保障以有益的参照借鉴。

2. 多元精英主义模型与城市规划

1）精英主义模型

"精英"是指一个以专业技术特征的小群体，任何以专业构成的领域和职业都可以形成精英群体。民主政治的发展与社会组织的发展密切相关。从政治学角度看待城市规划，城市规划的目标也具有政治目标的基本特征与属性。根据政治学与社会学基本理论，任何政治目的的达成或实现都依赖于有组织的群体，组织的存在又是由一定的权力结构构成的。在权力构成中，领导层的地位和角色占据主导地位并只能由少数人担任。基于专业或职业形成的精英群体会形成一种相互制衡的权力结构，共同主导城市规划的社会政治运作过程可以对个人、法律和公共利益进行理性化安排，客观上有利于推进城市规划的民主化进程。

2）多元主义模型

与精英主义城市规划模式不同，多元主义城市规划规则主张作为一种政治权力的城市规划不应该只由相对成分单一、占少数

的社会精英们独自掌握。在城市社会结构日益多元化，起决定作用的应该是社会成员对某些社会价值和规范的共同意向，被称为"广泛的社会合意"。多元主义者坚持，多个利益团体相互竞争或博弈形成政治决定和决策的结果，政府在决策过程中的角色地位不是决策者而是仲裁者，任务是保障不同目的、不同社会地位的利益团体之间相互博弈和竞争遵守一定的规则，而且以维护公共利益和社会共同价值。因此政府的职责是提供规则、行为规范并监督各利益团体的行为，以及围绕这个基本目的进行的公共服务。这种多元模式更加符合现代公共行政的发展方向。但是纯粹的服务型政府需要建立在社会非政府组织高度发展、完善的基础之上，同时要求公民的意识意愿具有充分的表达途径。

在我国的城市规划中政府的作用相当明显，不仅作为规则的制定者，还代表了城市居民的利益，同时还作为维护城市整体利益和公共利益、推进城市发展的城市所有人。所以我国政府担当了许多利益主体的角色，多元主义在我国现阶段并没有突出的表现。

3) 多元精英主义模型

多元精英的政治模式对精英主义和多元主义进行了融合，打破少数精英对权力的寡头式垄断，吸收多元主义提倡的公平和民主的途径，将少数精英垄断是发展到众多的精英，这些相互竞争的众多精英由选民进行民主选择，形成"多头政治"[32]，即多元化的精英相互之间形成稳定的若干集团结构。城市规划的利益选择过程因此就呈现为多头政治利益主体互动的模式，规划的精英集团之间通过遵守共同的规则达成一种互相的协调关系，并寻求团体内利益取向的一致性。

3. 法定程序下的精英化管理

1) 政治权威合理结构的构建——城市规划多元化精英团体

在城市规划的运作过程对于城市空间资源的分配，对于城市空间景观的管理控制与引导都不可能绕过政治的途径而进行。对城市空间资源分配而言，人的空间资源需求存在尖锐的矛盾，利益的权威性分配成为关键。对空间景观的管理控制而言，人的文化价值观念、审美观念也同样存在着矛盾，对城市空间景观的权威性价值判断就成为规划决策的基础。无论是城市空间资源的权威性分配还是城市空间景观的权威性价值判断都是一种矛盾的调和、统一过程，不可能仅仅依赖于专业人员提出的某个方案，也不应该仅仅根据业内精英及决策者的意图进行单一化判断。

如前文论述，当前我国城市景观趋同现象其中最核心问题就是权力单一化造成的"文化危机"。避免政治家对于空间资源分配及城市空间景观干预的单纯化，有效的解决途径是政治权威的合理结构化。

在城市规划专业领域，精英的团体有专家精英团体、政治精英团体、企业精英团体。这几种不同类型的精英团体具有不同的基本特征，掌握着不同的资源或者资本专家精英团体由城市规划领域专家构成，他们因专业技术特长在规划领域具有较高的社会地位和影响力，参与并积极影响规划的决策。因此专家精英团体所依赖和掌握的是一种智力资本。政治精英团体是在城市规划作为政府管理行使职能时，拥有直接决策权力的政府官员，包括规划管理部门领导、城市政府领导以及政府管理的城建开发部门领导者等，他们由于被政府赋予的职位而拥有相应的权限，拥有政治资本。企业精英团体指在规划实施、城市建设中的企业投资者、开发商构成的社会商业精英群体，他们拥有的是资金资本。其中政治精英团体不仅直接对城市土地、空间资源的使用有着决策和控制的权力，还掌握着立法和社会网络关系，因此相对于其他两类精英团体，他们在城市规划的社会政治过程之中处于明显的主导地位，具有更为突出的影响力。这也就是城市规划的政治特性，城市规划因而在具有专业技术特征外，还打上了政治的烙印，与统治者的政治意图密切相关。

2）城市规划的法定程序和约束机制

孟德斯鸠认为，一切有权力的人都容易滥用权力。有权力的人们使用权力一直到遇到有界限的地方才会休止[51]。因此，要防止权力的滥用就必须以权力制约权力。公共选择理论经济学家詹姆斯·布坎南认为：政治活动家们有一种"天然的"倾向，去扩展政府行动的范围与规模，去跨越任何可以观察到的"公共边界"[52]。城市规划作为一种公权力同样具备这一内在特性，这就决定了制度化外在制约的必要性。因此，运用城市规划手段对城市建设进行干预需要对干预对象、干预边界、干预程序进行法律的界定并建立完善的约束机制。

5.2.3　公众参与和社会协同机制的构建

无论是精英集团内的规划师还是精英集团外部的市民和社会个人，都期望城市规划本身保持中立的价值观，事实上，在城市规划的政策过程中起到主导作用的规划师以及决策者们都难以摆脱自身的利益和价值意向。多元化的精英集团的权力结构不足以实现全社会成员利益诉求和价值偏好的表达，规划仍然可能最终偏向于影响大的某些特殊集团或个人利益。

在传统理性规划过程中，政府部门设定规划目标和问题，由专业的规划师提供规划设计方案并由专家参与审查提供修改意见，在规划决策实施过程中往往由于没有取得公共的理解与支持而陷入困境。因此规划过程真正为城市社会每一位成员提供平等的参与权力和机会，需要具备充分对话和沟通的社会协同机制。以规划师提出的规划设计方案及规划决策为讨论内容，建立处于主导地位的多元精英团体成员、各种利益主体和利益相关者广泛合作和协商的机制。通过合作、协商、辩论，整合多方意见观点，矫正不公平的价值选择，使城市规划方案最终获得社会公众的认同并形成共同遵守的契约。

社会协同机制的建立是社会多元化利益诉求和价值观表达的平台，也是维护公共利益的根基。充分了解广泛的社会需求，规划师才能发现并达成社会公共利益，规划决策才能趋向并实现公共利益。社会协同机制需要在法律上加以明确，纳入法治的框架。具备法治保障的公众参与和社会协同机制，才能实现规划的多元化价值观融合，形成一致的公共政策，具备社会协同的条件而形成全体社会的集体行动。

5.2.4 小 结

基于上章对当代城市规划价值基础、利益主体行为特征、公共政策属性的分析，本章进一步以现代公共政策理论为依据，提出城市规划在公共利益为导向下为实现城市社会的价值提供保障，执行合理的空间资源配置、调节空间利益的任务中一项不可或缺的内容就是保护城市的特色，防止城市景观趋同问题的严重化导致城市精神的失落、城市价值的丧失。

传统城市规划在城市景观塑造中的角色与作用一般以政府投资建设、控制管理等直接作用于城市空间景观的手段和措施为主，具有明显的局限性。城市规划对城市空间景观干预是一种政府决策行为，决策行为涉及的科学性、合法性也要求进行规划制度创新、民主意识培育和政策监督。

基于对城市政府在景观干预过程中角色的重新定位的讨论，本章进一步提出了法定程序下精英化、专业化的管理模式以及社会协同的规划管理机制，以作为城市景观特色解决途径的制度保障。当前我国城市景观趋同现象其中最核心问题直接就是权力单一化造成的"文化危机"。避免政治家对于空间资源分配及城市空间景观干预的单纯化，有效的解决途径是政治权威的合理结构化，构建多元精英团体及城市规划的法定程序和约束机制。社会协同机制的建立是社会多元化利益诉求和价值观表达的平台，也是维护公共利益的根基。

5.3 杭州的规划实践与问题探讨

前文的讨论从美学价值的视角将杭州城市空间景观发展演变划分为形成、失落、补救、重塑四个阶段，提出在城市价值认知基础上的意向重构和价值重塑是维持城市个性、展示城市魅力，防止景观趋同的基本保证，应以此为基础建立城市特色的基本理念。正确的理念形成之后，有效的行动就成为了成功的关键。在城市发展过程中，各阶层、各方面社会力量在空间上的利益博弈行为成为城市景观构建的主要影响力量。在众多行为主体中，城市政府毫无疑问是当前背景下最具影响力的能动方面，而政府的城市规划行为又因其对城市空间改造与建设特有的直接调控的法定功能而成为各种空间建构影响因素中的关键要素。通过5.1节中的分析可以看到，城市政府在城市规划的实施过程中必将受到各种利益集团的强烈干扰，在很多时候不得不在各方面做出不同程度的妥协，重要的是这种妥协不能伤及规划的基本目标。具体到城市空间景观的建构，规划设定的空间美学意向基本构成要素不应随意改变、调整。实际上从各城市的实践操作来看，真正要做到这一点并非易事，需要规划管理和实施团队具备坚定的理想信念和高度的政治智慧。

相对于国内多数城市而言，杭州市的规划实践被认为是较为成功的案例。杭州的城市景观形成是有其历史、文化、政治、经济背景的，不一定适合于其他城市，杭州经历的问题也有其特殊性。放在中国改革开放以来快速城市化的背景下，杭州面临的问题与中国其他城市在保持独特城市景观、避免城市趋同方面又有共性，值得继续探讨。本章结合近十年来的杭州城市的实践，从核心领导作用、建设目标设定、价值观念定位、实施团队构建、社会力量协调等方面选取几个具有较大争议的问题展开讨论，以期找出解决城市景观趋同之道。

5.3.1 任期制与规划期限——核心关键领导的稳定性

任期制是终身制的对称，是指政府官员或企业单位任职人员在一定的领导岗位上有明确工作时限的制度。在任期制下，各种职务的任期均有一定的规定，当特定职务在任期到限后，其职权、职责就应自然取消。实行任期制的目的是促进任职人员在有限任职期间努力工作，最大限度地发挥其主动性和积极性，克服官僚主义，避免终身制的弊端。党的十二大和1982年宪法都明确规定，我国领导干部职务实行任期制（向洪，1992）。通常我国城市党委、政府的一届任期是五年。

为了实现这一制度改革，党和政府曾作出过艰苦的努力，在实践中也取得了较好的效果，理论上这是一项很好的制度。但由于我国特有的国情，或许主要还是因为现有制度体系配套建设还不够完善，在各地特别是基层单位、政府的实践中出现了许多问题。如较为普遍存在的干部心态浮躁、不安心工作，热衷于大搞短、平、快的"形象工程"，树立"泡沫政绩"，注意力集中在眼前的经济数据上，对于那些需要长期投入的基础工作和下大力气解决的深层次矛盾缺乏足够的工作热情。"一年看、二年干、三年等着换"生动地反映出部分领导干部的工作状态。另一方面，由于调动频繁，一任领导一任思路，政策朝令夕改，严重影响了地方经济社会发展，也损害了党和政府形象。

城市建设是伴随着城市生成、发展的一项长期的持续过程，一幢建筑从立项到竣工需要两到五年或是更长时间，一项城市基础设施的完成可能需要几十年的建设，一片城市功能区域的成型可能需要几代人的努力。一轮城市总体规划的期限取为十五至二十年，这也是因为实现城市发展的阶段性目标确实需要这么长的周期。相对于城市党委政府的五年任期，一轮总体规划的实施需要三至四届政府的接力工作。在具体实践中，后届政府是否能够（或者说是否愿意）按照前届政府确定的城市规划目标去实施，是一个值得讨论的问题：因为前文分析过的原因，部分领导干部为了实现任期内目标，以保证决定其政治命运的上级考核者（而非当地市民群众认可）可以识别自己的"政绩"，往往在制定目标时就锁定了其任期内可以使"功绩"最大化的方案，至于会否给后任政府制造障碍、留下麻烦则考虑甚少。反映在城市规划上就是编制规划时过于注意近期形象，回避或延压困难矛盾，而中远期规划目标又模糊不清或难以操作，致使后届政府无法实施而不得不调整规划，另起炉灶；另一种常见的情况是，虽然上届政府确定的规划是科学合理的，但是后任领导认为继续实施有拾人牙慧、步人后尘之嫌，不能体现自己的能力和水平，执意重新调整目标，重编一个全新的规划来体现其独特的思路。当然由于快速城市化过程中，经济广域化背景下市场情况发生突变，或是由于重大事件使得前期规划实施的条件发生根本变化的情况也不是没有，这又另当别论。无论如何，这种一任领导一个目标，换届班子换个套路的做法对城市规划的实施是极具负面影响的，就像一列前行的列车不停地转向，不断地刹车，每任领导都要出政绩，每届班子都要树形象，前任的政绩成为后届的包袱，上届的形象成为下届的阻碍，科学发展更是无从谈起。

杭州本轮城市总体规划（2001～2020年）在21世纪初确立了"一主三副，双心双轴，六个组团，六条生态带"的规划结构和保老城建新城的发展战略得到长期的贯彻，初步实现了杭州城市功能与结构的良好契合，围绕西湖的老城山水格局得以延续和更新，钱江两岸的新城也快速崛起。这其中一个关键原因是城市领导层的稳定。杭州市委主要领导自2000年以来一直没有调整，使得杭州在核心领导层面能够保证城市规划建设思路和方向能够延续下去。一个稳定而坚强的领导核心，一个一以贯之的科学规划思路（这一点在下一节中讨论）使得杭州城市发展基本上没有遇到一些城市经常遇到的思路和方向的反复。十多年来，杭州城市建设经历过区划整合的阵痛、保护与发展的纷争、金融风暴的压力、房产危机的洗礼，每一次风波都见证了核心领导层在信念上的执着、决策中的果敢和指挥时的坚定，正因为如此，城市规划的实施者在行动中才有了主心骨，不至于在风浪里迷失了方向。面对来自各方的行为干扰、种种利益诱惑，杭州市的核心领导层始终坚持共建共享生活品质之城的发展理念和"精致和谐、大气开放"的城市建设目标，致力于历史文化的发掘、保护与传承，要求每一个城市综合保护项目和每一项城市建设工程都成为"世纪精品，传世佳作"，杭州的城市景观因此获得了显著的提升。在本章接下来讨论中的若干实例可以充分证明这一点。事实证明，稳定的城市政府核心领导对一个城市持续健康发展是至关重要的。

既然城市规划实施的长期性和干部任期时长不足的矛盾是客观存在的，解决方案无非两个：一是将规划目标设定时间缩短来适应干部任期，二是延长干部任职时间来保证规划阶段目标的落实。前者在城市规划业内有过不少探索，诸如目标分段规划，渐进调整规划、弹性控制规划等方法和理论，但这些方法实际上均建立在对规划长期目标认同的基础之上，对于规划总体目标和发展方向的主动调整并无抑制功能，而城市规划阶段性目标的实现时间又不可能大幅缩减，因此理论上的缺陷必然导致其在实践中的失效；而后一条途径是要改革干部管理制度，其难度当然可想而知。毋庸讳言，当前我国干部任用中传统不良观念并未消除，干部能上不能下，奖勤不罚懒，反贪不治庸等现象仍然存在。而任期制及相关的干部提拔任用制度中诸如晋升职级前必须在下一级别的两个以上岗位任职等配套规定在客观上促使干部短期行为和浮躁心态的生成。像杭州这种主要领导在任十年的情况多数人认为是特例，也有人认为是领导的年龄因素等原因，但实际上我们看到的更多是一种个人对城市的深厚感情和对事业的责任意识。应该承认，寄希望于个人素质而非制度建设的想法是不切实际的，领导干部希望干出成绩的同时希望得到提拔晋升是正常的心态，如果能找到一种既让干部安心在一个城市领导岗位上工作足够的年限，又能在取得成绩之时予以职级晋升的方案，这也许是最为现实的。

5.3.2 规划管理的弹性与目标的刚性——规划思路的一贯性

城市规划的本质决定了它既具有面对未来的目标特性，同时又具有基于眼前建设实施的现实特征。如前节所述，城市规划在长远目标和近期实施中经常会存在矛盾与冲突，且矛盾的根源是多方面的，可能来自于政府官员任期制、经济发展波动性，或是城市发展过程中的其他不确定性因素。因此，在实践过程中，如何坚持一贯的规划目标，又如何灵活应对多变的现实情况是规划是否能得以有效实施的关键性问题。

这种矛盾与冲突，以及规划目标的刚性与管理弹性的统一在城市总体规划的编制、实施、调整过程中体现尤为突出。城市总体规划是对一定时期内城市性质、发展目标、发展规模、土地利用、空间布局以及各项建设的综合部署和实施措施《城市规划基本术语标准（GB/T 50280)》，具有突出的目标长期性特征。

杭州市新一轮城市总体规划（2001～2020年）自2001年1月开始编制，2007年获得国务院正式批复，明确了新世纪杭州的城市性质和功能定位，确定了"一主三副六组团"的空间格局，明确了由"西湖时代"走向"钱塘江时代"的发展方向，为城市发展提供了科学的依据。

经历十余载的推进实施，杭州围绕总体规划空间布局要求，坚持"保老城、建新城"的理念，按照"城市东扩、旅游西进，沿江开发、跨江发展"的城市空间策略，制定了"两疏散、三集中"的方针，紧紧抓住发展机遇，通过大项目带动，重点建设主城中作为"杭州新地标、城市新中心、服务业主平台"的钱江新城，大力建设下沙副城、江南副城等，推动了城市从原来以西湖为中心的团块式发展，向以钱塘江为轴心的多中心、组团式发展转变，形成了"东动、西静、南新、北秀、中兴"的城市新格局。"一主三副六组团"的城市布局结构已初步形成。2000～2009年杭州城市用地重心呈现出往东南方向偏移趋势，表明实施与规划方向相一致。

然而不可忽视的是，十多年来城市的社会经济形势发生了很大变化。例如当前适逢世界经济进入以缓慢、曲折复苏的后危机时代，外贸出口加工工业面临较大压力，对杭州长期以来形成的高外向度经济结构和增长模式带来严峻挑战，传统制造业发展遇到瓶颈，要求杭州产业加快转型提升。中央提出科学发展观、五个统筹、又好又快发展，《城乡规划法》要求城乡统筹规划，把单一的城市规划区修改为包括城市、镇、乡和村庄四个层次的规划区；从未来发展趋势来看，全球气候变暖，节能减排低碳要求进一步量化落地；耕地保护要求不变，用地指标趋紧（图5-1）。

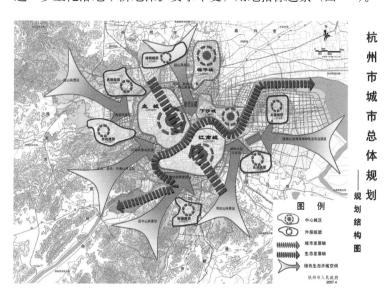

图5-1 杭州总体规划（2001～2020年）规划结构图

从总体规划自身实施情况看也同样面临诸多问题与挑战，例如在城市建设用地规模上，存在用地指标考虑不足与覆盖面不全；在规划布局上，存在用地快速扩张与人口疏解不力的矛盾；在产业问题上，二产小散低弱，转型升级的同时需要适度发展新型重化、需要增加规模；在规划实施时序上，远景提前与改造滞后并存；基础设施支撑问题上，交通与市政设施仍然由于先天不足亟待建设完善。此外，还有规划范围重城轻乡、结构局部变化、实施中部门协调困难、管理体制障碍等问题存在。为此，对杭州市总体规划实施情况的反思与评估提出一系列调整完善与补充，如：提出对规划期限内需要加快实施重点，对人口与用地规模、景观控制、生态控制与部分专项规划的修改等。

这些调整或修改，体现了规划理念的弹性原则。弹性原则是以规划总体目标的实现为出发点，根据规划实施的现实条件调整局部的、短期的子目标，有效应对各种外力干扰，避开前进道路上的障碍，保证全局不受影响。这正是规划"目标一贯性"的内在要求，强调规划的"弹性"是为了更好地坚持规划的"一贯性"。

需要强调的是，规划的弹性调整绝不是对城市发展目标的变更。在贯彻城市规划空间发展目标的问题上，浙江省某市的教训可供我们借鉴。该市在城市空间拓展过程中，由于铁路的分割造成老城区用地扩张受限。为此，为急于满足城市用地的快速增长需求、避免老城区改造高昂代价，该市在基础设施配套等不成熟的情况下，向南跨越铁路发展，付出了巨大的建设成本。而后在遭遇跨越发展带来的一系列障碍之后，继而调整发展方向掉头向西发展，跨越铁路十多年之后再次跨越大江，城市空间发展方向的反复和空间结构的摇摆严重影响了当地经济社会的发展。

从杭州自身经验看，贯彻实施城市规划并非一味抱着文本坚持不变，而必须面对内外环境变化适时总结经验，把握城市发展变化的动向和规律，从而改进工作，提高规划实施的科学性和可操作性。需要分析总规编制背景的变化、总规实施存在的问题，判断规划还适不适应现实发展要求，要不要修改，修改什么，以便及时调整方向，改进规划，提高规划的适应性。实施管理的关键是把握好规划的刚性与弹性，再好的规划，如果不能认真落实，或者面对变化的形势不能及时修改，使之适应管理要求，规划的作用也是难以发挥的。当然，从另一个角度来说，一个非常平庸的规划如果一如既往地执行下去，在某种程度上也能够形成特色，但从中国近几十年的发展来看一成不变的规划及其实施还没有发生过。因此正确处理好变与不变是问题的关键，考验着城市领导者的智慧。杭州的城市文化与景观建设实践中始终围绕历史文脉的延续、城湖格局的保护、山水特色的彰显、时代特征的体现，尽管在规划实施工程中会有项目的变化、时序的调整，与世界名城相媲美的生活品质之城这一总纲目标始终引领城市建设的方向。总之，规划弹性调整的根本目的是为了更有效地修正到达总体目标的路径，保证规划思路的一贯性，确保包括城市景观特色建构在内的城市发展目标的实现。

5.3.3 利益最大与系统最优——注重全局利益与长远目标

城市作为典型的人类聚落形态，是一个复杂的巨系统，是人类社会活动最为密集的场所，形形色色的市民和团体在这一空间内日夜不停的奔忙，努力追求各自的梦想。如第 4 章所讨论的，城市政府作为特殊的社会集团，也有其特定的利益诉求。如果政府能将这种诉求与城市广大市民和各种利益团体的基本利益有效协同，那么这样的政府就可以称为是"人民利益的忠实代表"，否则，就被视为不称职的政府。而人民利益并非每个市民、各个集团或个体利益的"代数和"，因为"百姓百姓百条心"，他们的利益指向差异极大，并不在一条"数轴"上；它也不能用简单的"矢量和"来运算，因为在不同时间，不同地点，不同场合，不同心境下的利益都会有显著的差别，是一个无法预计的变值，而且相互之间的关联性很强，难以明确的予以判断。但是对于一个特定的城市，政府应该根据所处的社会背景、经济环境以及自身的资源禀赋、发展条件等因素组织城市各阶层开展研究、论证，形成一个共同认可的有一定期限的发展目标，并通过经济社会发展规划、城市总体规划等载体予以法定化。这样就可以避开局部的、短期的、不可控的各种利益干扰，在思想上找到理论依据，在操作中依托法定手段，引导各阶层向着同一个方向前进，这个方向就是全局利益与长远目标。

杭州西湖被称为中国文人的精神家园，秉承"天人合一"哲理，在 10 个多世纪的持续演变中日臻完善，成为文化含量特别厚重的"东方文化名湖"。作为杭州的城市名片，世界各地的旅游者慕名来到这里，旅游业历来是杭州最为重要的产业。然而，这十年来杭州主动放弃了旅游业的主要直接经济收益：自 2002 年开始，杭州开始实行"西湖免费开放"，迄今已免费开放的公园景点共 130 余处，是中国第一家，也是迄今为止唯一一家不收门票的 5A 级景区；自 2003 年开始，杭州在全国率先对博物馆、纪念馆、科技馆等公益性场馆实行免费开放，并出台优惠政策，开展青少年学生"第二课堂"活动，让青少年学生走进博物馆、纪念馆。这样的"免费开放"，损害的是局部利益和部门利益，部门不再从门票中获得收入，得益的是城市的整体利益，由于"免费开放"带来的整个城市声誉的提高和间接的收入要远远大于部门每年的门票收入，从整体利益来看是完全合算的。因此杭州市政府被誉为是非常精明和会经营的政府。

不但如此，2002 年初，杭州市委、市政府在总结新中国建立以来西湖整治的经验教训和深入调研西湖景区现状、前景的基础上，从建设国际风景旅游城市必须保护好西湖、建设文化名城必须保护好西湖和弘扬文化多样性的高度，作出了实施西湖综合保护工程的决策。十年来耗资百亿保护、修缮，展示了 180 多处自然和人文景观，恢复西湖水域 0.79 平方公里，全面改善了西湖水质，而且实施了西湖东岸城市建筑景观的严格控制，拒绝了可以为杭州市政府带来数以千百亿计的地产收益。曾有人估算西湖保护对杭州城市的"直接经济损失"超过万亿。但是，杭州市政府看重的是西湖文化景观的可持续发展和杭州城市品牌价值的提升，而并非眼前损失的土地出让收益。2011 年 6 月 24 日，在巴黎举行的世界遗产委员会第 35 次大会上，"中国杭州西湖文化景观"被列入世界遗产名录，随即杭州市承诺申遗成功后将继续坚持"六个不"："还湖于民"目标不改变、门票不涨价、博物馆不收费、土地不出让、文物不破坏、公共资源不侵占，这充分显示了杭州注重全局利益与长远目标的理念与决心（图 5-2）。

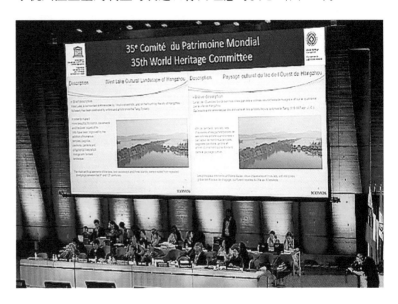

图 5-2　世界遗产委员会第 35 次大会

　　西湖之外，位于杭州市区西部距离市中心仅 6 公里的杭州西溪湿地综合保护工程的实施，从另一个角度揭示了杭州市政府卓越的价值观念。西溪湿地总面积 10.08 平方公里，是罕见的城市次生湿地。这里生态资源丰富、自然景观质朴、文化积淀深厚，曾与西湖、西泠并称杭州"三西"，是目前国内唯一的集城市湿地、农耕湿地、文化湿地于一体的国家湿地公园。20 世纪 80 年代开始的新一轮城市化浪潮中杭州城市向西部快速蔓延，房产项目不断吞噬着西溪周边的农地、桑田、鱼塘、水网。为防止房地产过度开发、保护生态环境，杭州市坚持收回已出让的土地，斥资百亿开展了西溪湿地综合保护工程。西溪湿地和西湖一样，景观控制区内建筑都有严格的限高，西溪板块成为继环西湖之后的杭州密度和容积率最低的住宅板块之一。随着"金镶玉"概念的提出，以西溪为玉、以周边商住为金的格局极大地提升了西部地区的城市品质，彰显了土地的潜在价值。2008 年，西溪国家湿地公园全面对外开放旅游之后，杭州进一步提出把西溪湿地及其周边 36 平方公里的城西地区打造为以湿地生态为基础，以人文生态为精髓，以休闲度假功能为主体，兼具观光、美食、购物、艺术、创意、总部等多种功能于一体的国际旅游综合体。实践证明，这 36 平方公里的西溪湿地国际旅游综合体的整体收益增值远远超过了原先预计的 11 平方公里的土地出让收益（图 5-3）。

图 5-3　杭州西溪湿地规划"金镶玉"模式

2007 年，为了认真落实《杭州市城市总体规划》"一主三副六组团六条生态带"和生态市建设的有关要求，杭州市规划局积极开展了杭州市城市绿地系统规划，以及生态带规划的编制工作。提出构建"一圈两轴六条生态带"的城市大绿地系统网络，其中仅六条生态带规划共涉及 2139 平方公里的城区面积，占市区面积的三分之二以上，以确保城市的环境质量与生活品质。

与此同时，杭州市率先提出结合地铁建设与新区开发构建新城和综合体开发模式的设想。经过专家的理论研究与部门的具体建设管理措施制定，于 2008 年提出了整套的新城与综合体建设蓝图，并在《中共杭州市委、杭州市人民政府关于推进城市综合体建设的若干意见》的基础上，制定出台了《杭州市城市综合体规划管理技术规定（试行)》。通过高强度与高混合功能的建设保证了土地价值，实现了全市层面建设项目投入与土地出让收入的平衡，"大疏"的损失通过"大密"来弥补，城市长远的景观品质得以保障。

5.3.4 规划龙头作用和部门定位——规划是领导的参谋和助手

城市规划本质上属于一种公共政策。伍德罗·威尔逊认为，公共政策是由政治家，即立法权者制定的，而由行政人员执行的法律和法规；詹姆斯·E·安德森（J.E.Anderson）（1990年）则认为，公共政策是政府的一个有目的的活动过程，而这些活动是一个或一批行为者为处理某一问题或事务而采取的。根据国内国家公务员考试资料中对公共政策的定义则是："公共政策是以政府为主的公共机构，为确保社会朝着政治系统所确定、承诺的正确方向发展，通过广泛参与的和连续的抉择以及具体实施产生效果的途径，利用公共资源达到解决社会公共问题，平衡、协调社会公众利益目的的公共管理活动过程"。因此，城市规划作为一项公共政策，从操作层面看体现了三重含义：

一是政府是城市规划这项公共政策的制定主体。城市规划所提出的城市发展策略、计划等必须符合社会发展价值取向，围绕着政府所制定的战略目标来制定，并着重解决公共问题、协调与引导各方利益主体行为。

二是城乡规划行政主管部门，或称规划管理部门代表政府承担了城市规划政策的制定，使政府确定的目标要求以准则、指南、策略或计划的方式得以具体化。

三是当城市规划一旦确定，转化为具体的公共管理活动时，需要政府及所属各级管理部门的协同配合、通力合作，确保规划实施的有效性。

杭州近年来城市景观所发生的巨大变化，其重要原因之一来自于较好地运用了城市规划这项公共政策，在制定与实施过程中体现了规划部门与政府领导、与其他部门的良性互动，同时规划龙头的指引作用也不可小觑，主要表现在：

1）以规划引领城市发展：城市发展的总体方向和空间思路主要依靠总体规划实现。杭州城市总体规划在综合协调经济社会发展目标要求、解决城市发展问题和保持并延续城市特色、构建符合时代发展特征的城市景观方面具有重要的指引带动作用。通过杭州城市总体规划编制前期研究，市委、市政府领导确定了旅游西进、城市东扩、沿江跨江发展战略，为提升杭州在长江三角洲南翼的区域经济地位，保护西湖文化景观、"三面云山一面城"和历史文化名城，使杭州的历史空间格局和传统山水景观特色能最大化避免受到快速城市化发展的冲击和负面影响打下了坚实基础；同时通过西湖、西溪风景旅游业和城市西部旅游资源的挖掘、组织，带动大杭州旅游产业的整体提升。事实证明，在新一轮杭州城市总体规划的指引下，杭州成功引导了城市空间从"西湖时代"向"钱塘江时代"的战略转移，在塑造符合现代审美需求城市新景观的同时，保护了符合中国传统审美需求的山水城市特色，并最终为西湖成功申遗奠定了坚实的基础（图5-4）。

图5-4 杭州钱江新城沿江规划效果图

2）以规划深化城市核心价值：近年来杭州市政府以强化城市人文精神、建立核心景观价值为目标所提出的各项城市发展要求，基本都是通过规划研究进行深化并在空间资源上得以落实的。如2006年前后杭州提出构建和谐社会的建设要求后，规划部门重点围绕城市西部地区开展了"和谐杭州示范区规划研究"，提出了"四在杭州"（住在杭州、学在杭州、游在杭州、创业在杭州）的空间发展结构、嵌入式的空间发展模式等，使杭州和谐社会的发展要求在这一区块得以具体化和深化。2007年杭州提出构建生活品质之城的建设目标后，规划部门又围绕"如何体现生活品质"，开展了以"五水共导"为目标的"城区水系保护与综合整治规划"、城市印象识别体系规划研究、特色产业文化街面规划研究等相关课题，从空间角度对强化城市空间景观特色、建立城市品牌形象、深化特色产业予以引导（图5-5）。

3）以规划强化城市功能：在解决快速城市化发展所引发的交通问题、环境问题、空间资源合理配置等问题的过程中，规划一直围绕着建设热点，成为政府平衡着社会、经济、环境三者关系、维护社会公众利益的基本手段。如为了避免城市"摊大饼"式的发展，杭州编制生态带控制规划，通过明确建设适宜性、建设容量，及时制止城市的无序蔓延，促进城市发展能够顺应城市结构的基础上保持动态平衡与科学发展。又如随着土地资源稀缺问题的进一步凸显，为了促进城市"精明"增长，规划专门对新城、综合体开发模式、方法和策略进行了研究探讨，使杭州的土地得到综合高效利用，提高了土地收益，为政府投入基础设施和服务设施建设、优化美化城市形象提供了资金保障。

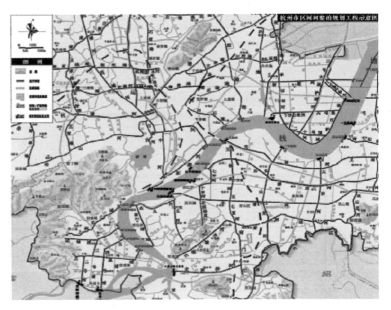

图 5-5 杭州市区河网整治规划工程示意图

4）以规划带动部门协同：规划部门毕竟只是市政府组成部门之一，是现代城市公共管理体系之中的一个机构，不可能独立完成城市建设这一宏大而系统工程，必须协调包括政府其他部门在内的社会各方利益主体，共同推进建设事业发展。杭州在实践中还充分发挥规划的综合协调、龙头带动作用，与政府其他主管部门密切配合、积极协作，如与发改委、国土资源局等，共同编制近期建设规划和年度实施规划，使空间资源配置与国家土地利用方针、发展政策要求衔接，使规划始终与城市建设保持同步。

可以说，正是由于发挥了规划部门的专业作用，政府及其领导塑造新城市景观的意图通过精心的规划及实施得到了体现，政府及其领导的意图与规划的结合，在最大程度上保证了城市景观的塑造具有科学性和地方特色。当然要做到这一点，政府及其领导的审美和决策水平必须要高，规划部门的决策参考作用要做到位，使两者最大限度地结合起来。

5.3.5 争议监督与社会协调——多元精英主义

2006 年《城市规划编制办法》指出："城市规划是政府调控城市空间资源、指导城乡发展与建设、维护社会公平、保障公共安全和公众利益的重要公共政策之一"。规划作为一项公共政策，涉及社会各方的利益，不仅需要层级监督，更需要公众监督。只有规划的实施方法适应环境、实施依据符合按科学发展要求、实施主体严格执行规划、监督机制作用有效发挥，城市规划才能算有效实施。

杭州近年来积极实施推进"阳光规划"，组织规划公示、听证会，引导鼓励社会公众参与和监督城乡规划实施，提高工作透明度。2003 年起，市规划局相继制定出台了《建设项目公示制度》和《建设项目公示办法》，建立了信访沟通会制度、规划许可听证会制度，根据街道社区要求，对批前公示反馈形式进行了调整，规划公示增加了网上公示形式，有利于公众参与监督。目前，所有除有保密要求外的法定规划和部分重要的非法定规划都实行"阳光规划"。2009 年市规划局权力阳光运行信息平台"网上行政服务中心"系统实施试运行，进一步保障了公众"了解规划、参与规划和监督规划"的权利。同时，杭州作为建设部派驻规划督察员制度试点城市，积极配合督察员工作的开展，通过督察员的督察，有效促进了规划管理工作的依法、规范、到位。

规划编制阶段公示拓展了规划编制过程中利益诉求的表达途径。如因方案公示，引发社会对嘉里中心建筑高度突破西湖东岸景观保护要求的关注，迫使业主重新调整了设计方案；又由原浙大医院教学楼拆除引发对建筑寿命过短的关注，促使市政府关注建筑物的使用寿命过短的关注，为严格控制重要公共建筑拆除行为，发布了《杭州市人民政府办公厅转发市规划局关于杭州市重要公共建筑拆除规划管理办法（试行）》的通知（杭政办〔2007〕34 号）。

2004 年 3 月成立了"信访接待中心"，完善了"局长接待日"制度，在市行政服务中心专门增设了规划咨询窗口，推行"网上信访"，拓宽信访渠道等。市规划局于 2004 年建立了听证制度，是城市规划实施过程中沟通协调的法律途径。例如 2009 年 7 月份，市规划局就钱江新城固废转运站控规调整组织居民召开了听证会，听取居民意见。经艰苦的沟通协调，最后，市政府研究决定，取消该方案，并由此改变城区垃圾收运方式，由原来的垃圾中转改为垃圾直运。

此外，上级部门督查也是规划实施监督的重要组成部分。杭州是住建部 2006 年试行城乡规划督察员制度的试点城市。通过督察员的督察，强化了规划主管部门依法行政的执行力，进一步规范完善了规划审批管理机制，促进了历史文化保护、风景区保护、西湖景观控制等总规内容的落实。驻杭州督察员发现及时介入 2 个建设项目设计超过西湖近湖地区控制限高的问题，由此控制了另外 8 起超高建筑的申请，保护了西湖景观（仇保兴，2008 年）。

在杭州市地铁规划与建设的过程中，也充分凸显了城市规划作为一个多元主体利益博弈过程、城市规划的实施结果也是主体博弈与协调的结果。杭州借鉴了被公认为全世界运作最成功的香港模式，政府在建设地铁时，就将地铁沿线土地一并交由地铁公司开发，以土地增值收益来抵消营运、建设期间的亏损。在地铁规划模式上采取了"线跟人走"与"人跟线走"相结合的方式。"线跟人走"意在破解老城区交通出行难，疏解交通拥堵；"人跟线走"意在引导城市未来空间结构和布局，量化潜在的城市土地价值，获取建设投入所需资金。地铁是政府为市民提供的市政公共物品，但对于城市社会多元主体而言，更关乎切身利益的获得。地铁所及之处，地段变得繁华、商圈形成带来房价上涨，随之带来房地产商直接得益；居民们期待地铁带来的出行便利，都希望地铁站点与自己家的距离不远不近；各行政主体也力图介入地铁线路、站点的规划方案决策过程，以实现对各自行政区经济发展最为有利的线路。地铁线网规划是技术性极强的专业性规划，方案的提出、多轮论证凝聚了专业技术人员、业内专家的智慧，然而科学的规划远非止于技术规划，杭州地铁"线跟人走、人跟线走"模式的最终实现，最终体现在科学设计的基础上，多元利益的协调结果。

总体而言，根据多元精英主义的规划管理思想，城市规划必须向多元化途径发展，实现以公平与民主为出发点和归宿。为保障规划目标的一贯性，需要在城市规划构建的共同规则下，以多头政治利益主体互动的模式建立城市规划编制、管理、以及城市建设过程中规划问题的社会协调机制和实施监督机制。

5.3.6 技术管理与行政管理——规划管理实施团队的专业精神

从城市规划管理实践中看，城市规划专业技术特性决定了城市规划管理是较为复杂的技术型行政管理，或者说是一种技术管理与行政管理的统一。这就对规划管理的队伍建设、组织机构建设提出的非常高的要求。稳定的、具备专业素质的规划管理实施团队，对于城市规划实施管理而言是必备的条件之一。近年来，随着我国各地城市城镇化速度明显加快，由此带来规划管理工作量的大幅增长，从而使新时期城市规划管理工作的范畴大大超出了原来的组织规划编制与建设项目规划审批工作范畴。为适应这些发展变化，杭州市的规划管理部门队伍建设重点着力于规划编制管理队伍、审批管理队伍、技术支持队伍的建设等方面。

在城市规划编制管理的技术管理与行政管理职能的专业化、精细化、同时又要求一体化的方向上，各地城市都有不同程度的探索。2000年，广州就在全国率先成立了广州市城市规划编制研究中心，借此之后很多城市相继效仿。2001年7月杭州市规划局将在原来规划编审处的职能基础上，将规划编制的组织管理、区域性与战略性问题研究等重要职能剥离，成立了杭州市城市规划编制中心。这对于杭州市城市规划管理工作而言，极大程度地加强了政府规划师队伍建设，为规划局的管理提供有力的技术保障，为政府决策提供科学的依据。如前所述，城市规划编制与实施管理是一个长期、动态、连续的过程。编制中心作为依托政府管理部门设立的专业管理队伍和专职机构，既可以有相对固定的技术队伍对城市规划和城市发展过程中的各种问题进行长期的、持续的研究与跟踪和及时动态的反馈，又能够实现对技术方面进行深度的管理。作为依托政府设置的机构，编制中心可代表政府职能部门组织编制规划，具有行政特征与权限，有利于站在政府与公共利益的角度协调各方关系、为公共目标服务。在具备鲜明的行政职能同时，编制中心还具有技术优势。目前杭州市城市规划编制中心设人员编制35名，由规划、建筑、市政、园林多专业人员组成，下设发展研究、法定规划、重点项目部门对不同专业类别的规划项目进行深度管理。这种贴近行政又深入技术的双重优势，有助于规划更好地适应政府与市场。适应城市规划向公共政策的职能转变要求，专业化的队伍可以进一步加强规划编制与规划管理、技术管理与行政管理的有效结合。

在审批管理方面，队伍的建设突出了加强社会协调、公众沟通以及应急处理等综合能力建设。随着经济社会发展，人们利益诉求在城市规划管理过程中越来越复杂多变。可实施的规划依赖于作为行政主管部门对社会各方进行有效协调。在规划设计蓝图之外，为市民提供规划咨询、在规划编制过程中提供协调利益的途径、针对多方利益的冲突进行整合都成为规划管理部门新的职能范畴。例如，杭州市规划局内设了信访中心专门负责处理来访人员及信件，规划处、用地处等审批处室负责接待市民来访，专门进行答疑解惑、协调利益纷争。

此外，现代城市规划需要信息化、高科技水平的队伍支撑。杭州市规划局增加了地理信息管理职责，增设地理信息管理处，进一步加强杭州市测绘与地理信息工作力度。具体负责组织拟订和实施全市地理信息发展规划、年度计划；承担全市基础地理信息系统、数据交换和共享平台的建设及更新维护工作；综合协调和监督管理地理信息获取与开发应用活动，组织协调全市航空摄影和卫星遥感数据获取等工作。

城市规划的编制与管理是一项政策性极强的工作，需要高素质的政府规划师队伍，需要具备专业的技能以及高度的社会责任意识、职业精神。只有这样，才能更好地为城市规划共同理想提供源源不断的动力。或者说，一个城市发展美好前景的实现，远不只是政治家和城市领导人的理想、信念与使命，还需要依靠全体规划工作者孜孜不倦的努力。这支队伍在城市规划实施、物质景观构建中发挥着决定性的作用，为城市总体目标的实现提供有力的技术支持。

在杭州的城市景观塑造中，专业的设计和施工队伍也是不可或缺的。从21世纪初开始的西湖综合保护工程开始，杭州的规划设计水平和施工水平都有了极大的提高。从西湖综合保护工程开始，到后来的道路建设、历史街区和建筑的保护、城市的有机更新，培养了一大批专业的施工力量。由于有自己专业的设计队伍和施工队伍，使得杭州的城市景观不仅大气，而且精致、细腻，有江南特色。

5.3.7 小　结

在前5章全面讨论对于城市空间景观价值认知的基础上，本章重点结合杭州市的当地规划实践中一些具体问题进行探讨，从杭州的实践角度探讨城市空间景观特色的重塑如何从正确的理念进而到有效的行动。相对于国内多数城市而言，杭州市的规划实践被普遍认为是较为成功的案例。本章在近十年来的杭州城市规划进程中，从领导核心、目标设定、价值观念、团队构建、社会协调等方面选取结构具有争议的问题展开讨论。

一任领导一任思路往往是城市规划难以贯彻如一的核心问题所在，是城市规划的大敌。杭州的情况表明稳定的城市政府核心领导对一个城市持续健康发展是至关重要的。在实践过程中，如何坚持一贯的规划目标，又如何灵活应对多变的现实情况是规划是否能得以有效实施的关键性问题。政府在面对社会各方利益问题上，要求能将城市广大市民和各种利益团体的基本利益、政府利益进行有效协同，这样就可以避开局部的、短期的、不可控的各种利益干扰，在思想上找到理论依据，在操作中依托法定手段，引导各阶层向着同一个方向前进，这个方向就是全局利益与长远目标。杭州近年来城市景观在快速城市化的冲击下能够保持自己的特色，其重要原因之一在于较好地运用了城市规划这项公共政策，在制定与实施过程中体现了政府领导、规划部门与其他部门的良性互动。此外，为保障规划目标的一贯性，需要在城市规划构建的共同规则下，以多头政治利益主体互动的模式建立城市规划编制、管理以及城市建设过程中规划问题的社会协调机制和争议监督机制。最后，培养具备专业的技能以及高度社会责任意识、职业精神、高素质的政府规划师队伍，才能更好地为城市规划共同理想提供源源不断的动力。

结 语

　　中华五千年的文明史孕育了底蕴深厚的民族传统文化，人们在共同的文化基础和文化理念下，辛勤劳作，繁衍生息，推动了城市的形成与发展。可以基本断定，各城市发展的文化根源是基本一致的，儒家、道家思想、封建礼制下所形成的城市雏形和最初形制是相似的。在幅员辽阔的中华大地上，丘陵、盆地、平原、山地等各具特色的自然地理环境，以及不同的气候条件，又赋予城市以各具特色的自然环境风貌，成为多样化的城市景观格局形成的基础。城市发展过程中各不相同的人文脉络也赋予城市多彩的人文环境特色。总结以上我们基本看到，中国的城市有着共同的文化根基和各具特色的自然人文环境，无论未来城市如何发展，这些都是我们必须保持的根本特色。

　　中国城市的发展历史，基本上是人类为了生存而与自然抗争，改变生存环境的历史。为了生存，人们选择了适应环境和利用环境基础上的城市建造，如潮湿地区的干阑式建筑、为增强防御而形成的福建土楼、冬暖夏凉的窑洞等。可以说是地理气候环境在城市发展过程中起着主导作用。然而随着科技进步，经济社会的发展，人类开始从适应环境转变为改造自然，文化观念、制度文化影响着行为文化，最终成为城市物质空间建设的绝对力量，城市差异和城市趋同便不可避免的同时存在着。从历史杭州城市形态的发展嬗变中我们就可以看到，它一方面在传统礼制，儒家、道家思想的影响下营建南宋都城，其城市形制严格遵守着中轴对称、子城罗城的传统都城建制，另一方面又结合江南水乡的自然环境特色和西湖的形成发展而建立了独特的发展结构，与其他城市有着不同的个性。因此，应从两个角度理解中国城市文化的趋同问题，既要正视城市文化基础的同根性，也要探索城市发展中文化嬗变的异质性。

　　改革开放后中国城市的发展受到全球化、西方城市发展物质化外表的影响，快速城市化过程尽管奠定了城市实力，但也引发了新一轮城市文化趋同。然而这一轮文化趋同却与历史城市在共同的文化基础下形成的趋同有着本质不同，前者是基本摒弃中国传统文化，采用西方理论拿来主义，不顾城市原有环境特色，抹杀千百年来文化发展脉络基础上的"自杀式"趋同，而后者则是在尊重自然、文化观念一致基础上的建设趋同。因此，当对城市文化观念的理解再次走向一致之时，清晰的判断、清醒的头脑，建立清晰的城市发展目标，寻找城市自然人文特色，并小心地维护则成为未来城市发展的重要内容。

站在城市规划与政府职能的角度，城市精英阶层对城市文化趋同问题的清醒认识，对未来城市特色的正确引导将具有决定性作用。今天的城市规划，必须跳出就空间论空间的思维定式，摒弃纯西方式的拿来主义城市发展理念，迫切需要建立以中国传统文化理念为根基，融合西方先进思想的特色理论体系，来指导新时期中国城市发展建设。

当前，中国的产业经济结构在转型，社会发展结构在转型，文化思想观念也在转型。未来的城市特色化营建之路到底如何走，我们似乎都只是一些基于当下境况的朦胧判断。本书以杭州为例，探索如何重塑新时期城市文化价值，引导新时期的城市景观建设，延续城市特色，塑造独特城市景观，只是希望这些经过实践检验的经验，能够对改变当前城市景观趋同问题有所裨益。

1. 城市景观特色的认知——城市的自然环境与历史文脉的结合

维护城市景观特色，避免千城一面的趋同，首先是对于城市景观本质的认知。城市景观的特色也就是指城市所特有的色彩、风格、底蕴形成的一种特质。这种特质的形成是由于城市自身存在于特定自然地理区域，在特定的时空条件下孕育的特定的历史传统和文化底蕴，使城市具备了一种明显区别于其他城市的形态特征。

杭州市经历历史变迁，江、河、湖、海相依的自然景观，使水成为杭州文化表现的基本形态；与其他江南水乡城市不同，杭州在街道尺度上不仅有滨水致密建筑空间围合窄长的街巷空间，宽窄不同、尺度丰富的街巷纵横交错，编织出杭州独特的城市空间肌理；而今城市尺度不断延伸，杭州今天形成了山水城相依的大山水格局。不同时期形成的城市景观，在很大程度上反映了当时的城市经济发展水平和建筑科技水平，同时也反映了当时城市文化的基本特征和认知水平。正是这种城市发展文脉与自然条件的完美结合，塑造了特定时期独特的城市景观，中国城市包括杭州城市景观的演变无不说明了这一点。

2. 城市景观特色发展与延续——根植于当代人的需求与审美价值

城市本身就是一个生命有机体，有着自身的发展规律并随着经济、社会、文化的发展而演变。因此，不能仅从历史的、自然环境的角度看待城市景观，还应立足于城市当代人的生活需求、审美需求，以发展的视角看待城市景观特色。实现老城区与城市新区发展和延续、历史与文化特色的传承，使城区的历史风貌得到更好的延续与发展。

因而需要我们树立符合当代的人文精神和美学价值，探讨如何在满足现代城市功能的前提下彰显内在的文化气质。回顾改革开放后杭州在城市景观规划的发展历程，从中我们发现其从文化迷失到重拾文化碎片、再到重塑文化精神过程，以及从单纯的功能规划、物质空间规划到发展型规划、文化引领型规划的裂变。与以往的规划相比，当前规划在构筑城市景观物质环境引导的过程中，着重于地方人文环境特色和历史空间的研究，力求做到城市景观在文化价值引导下的有序发展。

3. 城市景观特色的维护与实现——城市规划的解决途径

随着经济全球化和城市国际化，中国城市文化现象的趋同已经是一个不可避免的趋势，作为反映城市文化现象的一个重要方面，城市景观的趋同显得尤为突出。防止城市景观趋同进而防止城市文化趋同已经在当代中国城市决策者中形成共识，中国各个城市为此都在进行不懈的努力和探索。城市规划作为形成城市景观的一个决定性因素，越来越受到城市决策者的重视，城市规划作为解决城市景观趋同问题的重要途径也在中国形成了共识。

城市规划与管理作用对于城市景观特色的维护与实现极具影响力，发挥着引领城市发展方向的作用。规划是政府履行行政管理职能的重要手段，并通过对城市规划方案的编制、实施、监督，将城市规划方案变为现实，成为塑造城市空间的决定力量。面对城市特色丧失而产生千城一面的共同现象，必须从城市规划与管理探寻城市的空间特色和个性的解决途径。从杭州市的城市规划与管理实践历史发展过程和经验得失来看，经历了早期对于城市景观特色的无意识状态到逐步重视，从单一的政府主导，发展到社会协同机制的建立与完善的过程，进而基本保持了自己的城市特色。

4. 个性城市景观特色构建的规划途径——杭州实践与问题探讨

对城市景观价值的科学认知并以此为基础建立塑造城市特色的基本理念，杭州在科学理念引导下，重新构建城市景观特色的实践过程有许多问题值得进一步深入探讨。城市政府在城市规划的实施过程中受到各种利益集团的强烈干扰，但必须始终需贯彻规划的基本目标。城市的决策者必须有长远的视野，要尽力克服任期制带来的短视行为。城市规划的专业性和科学性必须得到尊重和重视，并成为城市决策者的主要技术支撑。如何克服规划实施过程中的重重障碍，坚持规划目标的一贯性，把握好规划目标刚性与实施弹性的统一，杭州的实践说明领导核心对城市持续健康发展十分重要，政府需要协调好全局利益与长远目标及眼前利益的冲突，规划部门与城市政府、横向部门之间需要有良性互动关系，规划的实施还有赖于建立社会协调机制与争议监督机制，同时应培育好具备专业技术与职业精神的政府规划师团队。

城市文化现象的趋同以及由此带来的城市景观趋同虽然难以彻底避免，在一定特定的历史时期可能还是一个普遍现象，但随着认识水平的提高、审美水平的提升、对趋同性问题的严重后果的日益清晰的认识，中国已经开始重视并寻找解决之道。通过对这一问题的认真分析和研究，剖析成功的案例和失败的教训，寻找中国城市景观形成和发展的历史规律，从而提出防止中国城市景观趋同的一些方法和途径是完全有可能的。

附　录

图片来源

图0-1：　本书研究框架示意（来源：作者自绘）

图0-2：　2000-2009年杭州市经济增长情况（来源：根据杭州市统计年鉴
数据绘制）

图1-1：　建设杭州新都市计划（来源：杭州市城市规划地图集）

图1-2：　杭州市初步规划示意图（来源：杭州市城市规划地图集）

图1-3：　杭州市规划图（1958年）（来源：杭州市城市规划地图集）

图1-4：　各历史时期古城格局图（来源：杭州皇城大遗址公园规划设计导则）

图1-5：　歙县古城门图（来源：作者拍摄）

图1-6：　杭州凤山水城门图（来源：作者拍摄）

图1-7：　南宋临安城城内水系分布图（来源：杭州皇城大遗址公园规划
设计导则）

图1-8：　良渚古城范围图（来源：良渚遗址保护总体规划）

图1-9：　南宋到清杭州城市空间形态演变图（来源：杭州南宋皇城大遗
址公园城市风貌保护与景观提升专项规划）

图1-10：杭州历史空间格局拓展图（来源：杭州皇城大遗址公园规划设
计导则）

图1-11：杭州大山水城市空间格局（来源：杭州南宋皇城大遗址公园城
市风貌保护与景观提升专项规划）

图1-12：山江关系演变示意图（来源：杭州南宋皇城大遗址公园城市风
貌保护与景观提升专项规划）

图1-13：城湖关系演变示意图（来源：杭州南宋皇城大遗址公园城市风
貌保护与景观提升专项规划）

图1-14：城山关系演变示意图（来源：杭州南宋皇城大遗址公园城市风
貌保护与景观提升专项规划）

图1-15：山湖关系演变示意图（来源：杭州南宋皇城大遗址公园城市风
貌保护与景观提升专项规划）

图1-16：民国时期与现代"山、水、城"空间关系比较图（来源：杭州
南宋皇城大遗址公园城市风貌保护与景观提升专项规划）

图1-17：南宋至现代杭州城郭变迁图（来源：杭州南宋皇城大遗址公园
城市风貌保护与景观提升专项规划）

图1-18：杭州老城门分布图（来源：全国重点文保单位临安城遗址保护
总体规划）

图1-19：杭州各历史时期水系变迁图（来源：杭州皇城大遗址公园规划
设计导则）

图1-20：街巷空间格局演变图（来源：杭州皇城大遗址公园规划设计导则）

图1-21：民国时期杭州街巷（来源：杭州南宋皇城大遗址公园城市风貌保护与景观提升专项规划）

图1-22：杭州南宋时期街巷格局留存情况（来源：杭州皇城大遗址公园规划设计导则）

图1-23：杭州十五奎巷街巷空间改造对比图（来源：杭州南宋皇城大遗址公园城市风貌保护与景观提升专项规划）

图1-24：杭州老城公共开放空间格局（来源：杭州南宋皇城大遗址公园城市风貌保护与景观提升专项规划）

图1-25：杭州老城建筑风貌与肌理综合评价图（来源：杭州皇城大遗址公园规划设计导则）

图1-26：现状的传统空间肌理与风貌（来源：杭州南宋皇城大遗址公园城市风貌保护与景观提升专项规划）

图1-27：南宋地下重要遗址片分布图（来源：全国重点文保单位临安城遗址保护总体规划）

图1-28：杭州老城内地上文物古迹分布图（来源：杭州皇城大遗址公园规划设计导则）

图1-29：杭州老城内历史街区与历史地段分布与风貌特征评价图（来源：杭州皇城大遗址公园规划设计导则）

图1-30：传统与现代景观比较图（来源：杭州南宋皇城大遗址公园城市风貌保护与景观提升专项规划）

图2-1：城市用地变迁图（来源：朱晓青，杭州城市景观意向与空间格局研究[J]，2005：53）

图2-2：杭州湖滨老城区肌理图（来源：http://maps.google.com/）

图2-3：杭州现代新区肌埋图（来源：http://maps.google.com/）

图3-1：西湖景观

图3-2：西湖景观

图3-3：德寿宫考古照片

图3-4：西溪湿地综保工程分期图

图3-5：西溪湿地美景

图3-6：《杭州西溪湿地国际城市综合体概念规划》效果图

图4-1：从依山傍水的江南小城到精致大气的秀雅之都（杭州拱宸桥地区的发展变迁）

图4-2：杭州城市道路变迁与环境整治（庆春路30年间的变化对比）

图4-3：钱塘江边的杭州城市新中心（上）

图4-3：南宋御街中山中路有机更新（新城区建设与历史城区保护齐头并进）（下）

图4-4：江南山水孕育下、发展中的品质之城

图4-5：2007版杭州市城市总体规划景观规划图

图4-6：杭州城区水系结构图

图4-7：杭州滨水慢行系统规划图（杭州市城市规划设计研究院提供）

图4-8：经过综合保护与开发的运河两岸景观

图4-9：2003～2008年连续七年实施的西湖综合保护工程

图4-10：杭州市钱塘江两岸景观规划设计-两岸景观廊道空间控制图

图4-11：杭州对西溪湿地公园周边地区的视线景观控制要求

图4-12：东河今昔

图4-13：河坊街东段恢复古清湖河，迈出再现古城水系的第一步

图4-14：昔日没落的滨水地区再现繁华景象——经过保护更新的小河直街历史街区

图4-15：南宋御街的昔日繁华与今朝景象

图4-16：万寿亭街上的"万寿亭"和刻在围墙上介绍小巷由来的碑文

图4-17：经过政府创建与提升的武林路时尚女装街

图4-18：处处体现"女性"文化的武林路空间细部设计

图4-19：运河岸城市新姿（代表20世纪末城市景观审美）

图4-20：杭州近年新建筑风貌（位于钱塘江边的国际会议中心）

图4-21：杭州城湖空间关系发展与演变示意

图4-22：20世纪80年代末，西湖东岸出现了高层建筑

图4-23：20世纪90年代初开展的各类西湖东岸城市景观控制研究

图4-24：20世纪90年代初采用的照片分析+透视计算法进行西湖景观分析

图4-25：西湖十景位置及雷峰塔下得西湖全景

图4-26：绘画表现的西湖十景

图4-27：西方大尺度景观（芝加哥湖滨公园和纽约中央公园）与中国传统隐逸精致的园林景观（西湖郭庄）对比

图4-28：中西方审美对地标意向的不同理解（下图为西泠桥上看保 塔及群山）

图4-29：主要朝代城墙变迁图

图4-30：西湖觅影（1942年前雷峰塔未倒塌时西湖全景）

图4-31：杭州历年城市发展简图

图4-32：城湖空间现状全景

图4-33：西湖东岸城市轮廓线的发展变化

图4-34：杭州当前西湖景观分析确定的视点分级

图4-35：西湖景观控制范围

图4-36：西湖周边近远景山体的比例与尺度关系

图4-37：根据西湖周边近远景山体的比例提出东岸城市的高度控制层次

图4-38：与西湖尺度相宜的城市尺度

图4-39：西湖东岸立面色彩整治指导（局部）

图4-40：2002年钱江新城核心区规划国际咨询德国公司的概念方案

图4-41：杭州建立的环西湖数字模型系统用于西湖景观分析

图5-1：杭州总体规划（2001~2020年）规划结构图（来源：杭州市城市总体规划图集）

图5-2：世界遗产委员会第35次大会（来源：新浪微博）

图5-3：杭州西溪湿地规划"金镶玉"模式（来源：西溪湿地国际招标文件）

图5-4：杭州钱江新城沿江规划效果图（来源：杭州钱江新城城市设计）

图5-5：杭州市区河网整治规划工程示意图（来源：杭州城区水系综合整治与保护开发规划）

参考文献

[1] （美）E·沙里宁著，顾启源译，城市——它的发展衰败与未来[M]，北京：中国建筑工业出版社，1986.

[2] （美）埃德蒙·N·培根著黄富厢等译，城市设计[M]，北京：中国建筑工业出版社，2003年8月第一版.

[3] （美）凯文·林奇著，方益萍、何晓军译，城市意象[M]，北京：华夏出版社，2001.

[4] （美）柯林·罗弗瑞德·科特著董明译，拼贴城市[M]，北京：中国建筑工业出版社，2003年9月第一版.

[5] （美）刘易斯·芒福德，城市发展史——起源、演变和前景[M]，北京：中国建筑工业出版社，2005年2月.

[6] （英）Matthew Carmona Tim Heath等编著，冯红等译，城市设计的维度公共场所——城市空间[M]，南京：江苏科学技术出版社，2005年10月.

[7] （英）尼格尔·泰勒，1945年西方城市规划理论的流变[M]，北京：中国建筑工业出版社，2006年.

[8] Arnold RAlanen，Robert·Melitick，Preserving Cultural Landscape in America[M]，Baltimore: Johns Hopkins University Press，1992.

[9] Christopher Alexander，A City Is Not A Tree [J]，Architectural Forum，Vol.l22．No．1，April，l965.

[10] H George Frederickson，张成福，刘霞、张璋，等译，公共行政的精神[M]，北京：中国人民大学出版社，2003：128-129.

[11] L·Mumford，The culture of cities[M]，Harcourt Brace Jovanovich，1970.

[12] Lane L. Marshall，Landscape architecture：guidelines to professional practice[M]，Washington,D.C.: American Society of Landscape Architects，1981.

[13] Musacchio L R，The Ecology and Culture of Landscape Sustainability [J]，Landscape Ecol，2009（24）:989－992.

[14] P·Hall. Cities of tomorrow：An intellectual history of urban planning and design in the twentieth century[M]，Basil Blackwell，1988.

[15] Webster's English，英语大词典[M]，1996.

[16] 陈烨，城市景观的语境及研究溯源 [J]，中国园林，2009年25（8）：28－30.

[17] 辞海，1995.

[18] 杜顺宝，中国建筑艺术全集·卷19[M]，风景建筑，北京：中国美术出版社，2001.

[19] 何小娥，阮雷红，试论地域文化与城市特色的创造［J］，中外建筑，2004（8）：69-73.

[20] 黄兴国著，城市特色理论与应用研究[M]，北京：研究出版社，2004.

[21] 刘绍强、张越，城市景观规划控制体系分析［J］，新学术，2007（3）：68－69.

[22] 罗杰斯著，曹娟译，景观设计——文化与建筑的历史[M]，北京：中国林业出版社，2005.

[23] 马时雍编，杭州的街巷里弄（上）[M]，杭州：杭州出版社，2003年1月.

[24] 马时雍编，杭州的水[M]，杭州：杭州出版社，2003年1月.

[25] 马时雍编，杭州的水[M]，杭州：杭州出版社，2003年1月.

[26] 孙施文，城市规划哲学[M]，中国建筑工业出版社，1997.

[27] 汪德华，中国山水文化与城市规划[M]，南京：东南大学出版社，2002年10月.

[28] 汪艳荣，接受美学与城市景观特色塑造［J］，价值工程，2001（17）：94.

[29] 王国平，城市论[M]，北京：人民出版社，2009年12月.

[30] 王蒙徽，段险峰，袁奇峰等，在快速发展中寻求均衡的城市结构——广州城市总体发展概念规划深化方案简析［J］，城市规划，2001年3期：33-37.

[31] 王向荣，林菁著，西方现代景观设计的理论与实践[M]，北京：中国建筑工业出版社，2002.

[32] 王秀岗，多元精英主义的形成机制探索：从多元主义到精英主义集团观［J］，网络财富，2010(14)：187-188.

[33] 王紫雯，城镇化过程中的景观保护与规划［J］，小城镇建设，2001，（11）：66-67.

[34] 项青,汤丽青.谈景观设计中的接受美学［J］，艺术与设计(理论)［J］，2010（1）.

[35] 许浩著，城市景观规划设计理论与技法[M]，北京：中国建筑工业出版社，2006.2.

[36] 杨戌标，现代城市发展中历史街区的保护与复兴［J］，城市规划，2004（8）：60-67.

[37] 尹海林，城市景观规划管理研究——以天津市为例［M］．武汉：华中科技大学出版社，2005.

[38] 俞孔坚，李迪华，2003，景观设计：专业学科与教育［M］．北京：中国建筑工业出版社.

[39] 俞孔坚，李迪华，吉庆萍，景观与城市的生态设计:概念与原理［J］，中国园林，2001，17（6）：3-11.

[40] 张兵，城市规划实效论[M]，北京：中国人民大学出版社，1998：98-100.

[41] 张法，中国美学史[M]，成都：四川人民出版社，2008年.

[42] 张庭伟，构筑规划师的工作平台——规划理论研究的一个中心问题 [J] ，城市规划，2002（11）.

[43] 周岚，王奇志，朱晓光，城市空间美学[M]，东南大学出版社，2001.

[44] 朱立元，接受美学导论[M]，安徽教育出版社，2004.

[45] 杭州市城市总体规划2001-2020年.

[46] 杭州市西湖景观提升规划.

[47] 南宋皇城大遗址保护概念规划.

[48] 李强标，对杭州农村河道水环境综合整治规划的积淀思考 [J] ，中国农村水利水电，2008.

[49] 向洪，四项基本原则大辞典[M]，成都电子科技大学出版社，1992年：151.

[50] 仇保兴副部长在住房和城乡建设部第三批城乡规划督察员派遣仪式上的讲话（2008年8月28日）.

[51] （法）孟德斯鸠著.崔洪理译，论法的精神[M]，北京：商务印书馆，2001年.

[52] 〔美〕布坎南，宪法经济学，公共论丛 [J] ，第2集.

后记

　　笔者到杭州来工作源于十多年前的一个偶然机会，新世纪之后成了一名"新杭州人"。当时正逢杭州市区划调整，市区面积由 683 平方公里扩大到了 3068 平方公里，原来的城市总体规划亟需进行调整，笔者到杭州的首要工作就自然而然地落在新一轮《杭州市城市总体规划（2001-2020 年）》的制定上。编制城市总体规划的过程，是笔者认识和理解这座美丽城市的最重要的过程，之后的十年规划局长岗位的工作也得益于这个过程。从城市总体规划的编制到实施管理，十几年的规划工作实践，使笔者对杭州这座城市的历史、现状与未来发展有了更深刻地认识，这些也构成了笔者博士论文的实践基础。本书即是在题为《快速城市化进程中杭州城市景观演变及趋同性的规划对策研究》的博士学位论文基础上修改而成。

　　本书能够出版，首先感谢笔者的博士生导师潘公凯院长，是他发起了在中央美术学院开办研究城市的博士班课程并亲自任教。是他的悉心指导和谆谆教诲，无数次的畅谈使笔者深刻体会到他作为一名知名学者的敏锐、广博、执着、严谨的品质。先生高屋建瓴的学术眼界、生动风趣的教学风格、涉猎广泛的跨界思维、宽广仁厚的长者风范令我和我的同学们受益终生。

　　在此要感谢我的家人，感谢她们多年来对我工作、学业和生活上给予的帮助、体谅和支持。

　　最后还要特别感谢章建明、张楠楠、黄文柳、华芳等我的各位非常有才华和学识的同事们，他们不仅直接参与了大量资料的收集整理、论文阶段的讨论、文字工作，还对论文和书稿的最终形成付出了大量卓有成效的劳动，书中很多内容包括一些观点来源于我们相互的合作、探讨和启发。可以说，没有他们几位的积极参与本书的出版是不可能的。